国家出版基金项目
NATIONAL PUBLICATION FOUNDATION

人工智能出版工程
国家出版基金项目

# 人工智能
## 知识图谱前沿技术

朱小燕　李晶　郝宇　肖寒　黄民烈　编著

电子工业出版社
**Publishing House of Electronics Industry**
北京·BEIJING

## 内 容 简 介

知识图谱作为当前人工智能的重要方向之一，不仅被实验室的研究者关注，更被各行各业的商业应用所关注。知识图谱是一个古老而又崭新的课题，是知识工程在新时代的新形态。智能离不开知识。知识始终是人工智能的核心之一。本书按照知识表示、知识库构建、知识推理和知识应用的基本脉络，全面介绍有关知识图谱的前沿技术。为便于理解和融会贯通，本书也对相关 NLP 与机器学习的基本知识与知识图谱的经典传统方法进行了适当描述。

本书既可作为人工智能领域研究人员的技术参考书，也可作为高等院校相关专业师生的教学参考书。

**图书在版编目（CIP）数据**

人工智能．知识图谱前沿技术／朱小燕等编著．—北京：电子工业出版社，2020.6
人工智能出版工程
ISBN 978−7−121−38992−4

Ⅰ．①人…　Ⅱ．①朱…　Ⅲ．①人工智能②知识管理　Ⅳ．①TP18②G302

中国版本图书馆 CIP 数据核字（2020）第 073500 号

责任编辑：富　军
印　　刷：北京盛通印刷股份有限公司
装　　订：北京盛通印刷股份有限公司
出版发行：电子工业出版社
　　　　　北京市海淀区万寿路 173 信箱　邮编：100036
开　　本：720×1000　1/16　印张：15.75　字数：226.8 千字
版　　次：2020 年 6 月第 1 版
印　　次：2022 年 1 月第 4 次印刷
定　　价：78.00 元

凡所购买电子工业出版社图书有缺损问题，请向购买书店调换。若书店售缺，请与本社发行部联系，联系及邮购电话：（010）88254888，88258888。

质量投诉请发邮件至 zlts@phei.com.cn，盗版侵权举报请发邮件至 dbqq@phei.com.cn。

本书咨询联系方式：（010）88254456。

# 人工智能出版工程

## 丛书编委会

# 前　言

知识图谱作为当前人工智能的重要方向之一，不仅被实验室的研究者关注，更被各行各业的商业应用所关注。知识图谱是一个古老而又崭新的课题，是知识工程在新时代的新形态。智能离不开知识。知识始终是人工智能的核心之一。从计算机诞生不久，人们就希望借助知识来帮助实现智能系统，至今已研究半个多世纪。当代知识图谱的研究热潮是建立在多年研究发展和探索之上的。如今，知识图谱不仅在理论上有坚实的基础，而且在规模、存储和计算上都具备了实际应用的条件。知识图谱技术不是一种单一的技术，而是人工智能各个领域的发展在知识工程上的集中体现，并且还在方兴未艾地蓬勃发展。我们正站在这个潮头之上，希望从林林总总的研究中梳理出相对最前沿的思想、技术与方法，使读者在了解知识图谱基本概念的基础上，能够直接接触知识图谱的最新研究成果。这是我们编写本书的出发点。

从根本上说，知识是人类智能的重要组成部分。知识并没有一个统一和一致的定义。一般认为，知识是人类在实践中认识客观世界（包括人类自身）的成果，包括对事实、信息的描述及在教育和实践中获得的技能。换言之，知识是人类从各个途径获得的经过提升、总结与凝练的系统性认识。对于人工智能来说，知识是计算机可以表示、存储和计算的一类特殊信息，是经过凝练的信息，是信息中的精华，包括陈述性知识、过程性知识和元知识。

人工智能离不开知识。知识工程也随着人工智能的发展而不断地演化和进步。最初的人工智能研究从推理和问题求解出发构建智能系统，希望通过逻辑验算进行图灵测试。但知识并没有得到重视。1977 年，费根鲍姆（Edward A. Feigenbaum）提出知识工程的概念，把知识作为智能系统的核心。

从此，知识工程获得发展，各种各样的知识表示方式应运而生，如谓词逻辑、语义网络、产生式规则、框架和脚本等。虽然手工构建的专家知识库在专家系统等应用中取得了很好的成绩，但也伴随着知识库构造困难、推理效率低等问题。互联网的发展使得数据产生爆炸性的增长，不仅让知识的获取有了更多的来源，而且能够更好地从语义上理解网页所代表的信息，从而使得对知识的需求成了新的增长点。Tim Berners-Lee 提出了语义网，用本体的概念化体系对客观世界进行描述，并通过一套统一的描述方式对网页内容进行语义标记，使得网页互联变成内容互联，甚至是语义互联，在此基础上形成以 RDF（Resource Description Framework）为模型的知识表示体系，并逐渐演变成一整套成熟的知识表示、序列化、查询、存储的规范。该规范成为现代知识图谱的基础。特别是在 Web 2.0 出现之后，维基百科以多人协作的方式产生了海量的知识类数据，并成为大规模知识库的主要来源之一。在此基础上产生的 DBpedia 和 Freebase 是当代大规模知识图谱的雏形。与此同时，研究者在知识本体的基础上制定了复杂的描述逻辑和规则体系，希望借此对知识进行逻辑推理。虽然这些尝试取得了一定的成果，但由于知识的复杂性和描述逻辑的局限性，因此并没有真正应用到实际中。2012 年，Google 在 Freebase 的基础之上构建了大规模的知识库 Knowledge Graph（知识图谱），并将其应用于搜索结果的改善，从此拉开了当代知识图谱大规模应用的序幕，进而推动了大规模知识图谱的构建热潮。除了前述的大型知识库，还有诸如 YAGO、NELL、Probase、openKG、cnSchema、cn-DBpedia 等若干开放域知识库。这些知识图谱的构建与应用大大促进了知识图谱相关技术的发展。

现代知识图谱技术发端于知识工程，结合大数据处理、统计机器学习算法、深度学习算法等技术，受益于越来越多的结构化、半结构化和非结构化数据及越来越强的计算能力，在知识库的表示、构建、推理与应用方面都有了非常大的进展，不仅在通用领域，而且在各个专用垂直领域（金融、保险、商业、医疗、法律等）也促进了若干智能应用（智能检索、智能问答、推理决策、文书生成、情感分析）的进步。从学术的角度来说，当代人工智能技术越来越离不开知识，离不开知识图谱的支撑。无论是基于统计机器学习的算法，还是基于深度学习的算法，在解释性和推理性方面都存在弱点，使研究者更加清晰地认识到规则与统计的完美结合才是人类拥有智能的本质，所以学术界也在日益关注如何从各个方面将流行的基于统计的学习算法和知识规则相结合。从应用的角度，尤其是对可解释性要求高的系统，更希望可以将各种类型的知识融入系统的构建和使用的过程。可以说，应用是推动知识图谱进步的动力；数据和算法的发展是知识图谱不断发展的基础。

当代知识图谱技术主要体现在知识表示、知识库构建、知识推理与知识应用等方面。特别是随着近些年深度神经网络的发展，如何将知识融入语义理解与语言生成的计算中是研究的重要课题。从知识的表示方面来看，由资源描述框架统一表示的知识图谱本质上是一个由节点和边组成的庞大有向连接图，可分解为由头、尾和关系构成的三元组的集合，从而基于图的性质和三元组的统计特性，可将知识图谱相关领域应用到最新的机器学习算法与模型中。特别是分布式向量知识表示的发展，把知识图谱的实体与关系映射到稠密的低维向量空间，使知识图谱的可计算性有了很大的提高，大大便利了知识检索、知识推理、知识辅助理解等方面的应用；把知识的分布式向量知识表示与深度神经网络相结合，把知识融入语言模型和语义模型的计算中，均大大增强了对语义理解的能力。现代机器学习算法对于知识图谱的表示、构建、推理和应用都起到了非常大的推动作用，包括概率统计模型、空间分解算法、深度神经元网络、预训练语言模型、主动学习、增强学习、迁移学习、对抗学习、无监督学习、半监督学习、远程监督学习等。知识图谱技术不是单一的技术，而是将多种技术融合在一起，用于处理从自然文本、半结构化数据到知识，再到应用的全流程生命链。知识库的构建需要从自然语言中抽取相关类别的实体及实体与实体之间的关系。最新的机器学习算法在这方面起到了很大的促进作用，特别是深度神经语言模型的应用，把潜在语义和知识有机地结合起来。基于大规模知识库和分布式向量知识表示的知识推理同样可以借助深度学习和增强学习的方法，有效进行知识补全、校验和链接预测等工作。在实际应用中，将知识与深度模型相结合可大大提升机器问答、语言生成和情感分析等 NLP（Natural Language Processing）任务的性能。

我们编写本书的目的是为了让读者可以追踪知识图谱的前沿发展，把握知识图谱的技术方向，开阔眼界，面向未来。因此，本书将按照知识表示、知识库构建、知识推理和知识应用的基本脉络，全面介绍有关知识图谱的前沿技术。为便于理解和融会贯通，本书也对相关 NLP 与机器学习的基本知识及知识图谱的经典传统方法进行适当的描述。当然，知识图谱技术还在不断发展，当前的知识图谱技术还存在很多问题，主要体现在知识和语言模型虽然相关，但是在人类智能体系中却处于不同的层次和范畴；现有的融合方式虽然有一定效果，但还处于比较初级和生硬的阶段，未能很好地体现知识在高层推理与解释方面的作用，知识对于系统智能性起到的效果还达不到预期。这些都有待于今后的进一步研究。

在人工智能新纪元的今天，NLP 是人工智能皇冠上的明珠，知识就是连接皇冠与明珠的基座。有多大的基座就能够承载多大的明珠，有稳定坚实的基座，明珠才能够永放光芒。

本书内容包含我们研究小组的部分研究成果及相关学术界的研究进展。本书由朱小燕和黄民烈组织编写，李晶、郝宇、肖寒等参与了重要章节的编写，王业全、周曼桐、周昊、关键等同学参与了知识图谱应用和资源等方面章节的编写，黄斐、高信龙一、邵志宏、关键等同学参与了校对工作。在本书编写过程中，东南大学漆桂林教授对于 OpenKG 等工作给出了建设性的意见。感谢电子工业出版社在出版过程中给予的大力支持和帮助。感谢多年来对我们工作给予大力支持和帮助的各位师长、同事、同行和朋友们。知识图谱是本次人工智能浪潮发展最快的研究分支之一，新技术、新研究层出不穷。本书有疏漏甚至错误的地方，请读者批评指正。

编著者

# 目　录

# 第 1 章

# 绪　　论

## 1.1　什么是知识

知识是人们在改造客观世界的过程中所积累的经验和总结升华的产物。将由对客观世界的描述、名称、数据、数字、经验所构成的信息进行加工整理即形成了知识。知识作为一个概念，定义起来是比较困难的，不同的人有不同的理解，例如：

费根鲍姆（Feigenbaum）：知识是经过削减、塑造、解释和转换的信息[1]；

伯恩斯坦（Bernstein）：知识是由特定领域的描述、关系和过程组成的[2]；

哈耶斯罗斯（Hayes-roth）：知识是事实、信念和启发式规则[3]。

知识作为人类对客观世界认识的表达，具有相对的正确性、局限性和抽象性。没有绝对正确的真理，也没有一成不变的真理。知识受人类自身认知的限制和影响，在不同的环境和上下文中，正确性也会发生变化。同时，人类的知识也具有不完备性、不确定性和模糊性等特点。例如，篮球运动员的身高需要高，这里所谓的"高"，就是一个相对模糊和不确定的表达，同时该知识不是完备的，会有例外的情况出现。人类的智能行为在很大程度上是在知识和对知识的推理上进行的。人类在生理活动和社会实践中，通过对海量数据的采集，可获取能够形成某些概念的信息，并在与这些信息的不断交互中提炼、加工、抽象，形成一套系统性的定义、描述和公理系统。这些高端信息被存储并记忆，用于进一步指导人类的活动。这就是知识的力量。

人类最原始的知识源自人类的感知。这些知识虽然总能通过感知验证，但由于人类的感知存在错误，因此知识不总是对的。比如，依据人类的一般感知，重物体的下落速度会比轻物体快，这一通过感知得到的结果并不正确，因为物理学告诉我们，在不考虑空气阻力的情况下，轻、重物体的下落速度是完全相同的。所以，知识本身也是存在局限性的。知识作为人类在社会生产活动中产生概念化和体系化的精华信息，非常便于学习、理解、传播和推理。因此，人类把知识作为认识世界、理解世界和创造世界的重要基石，是人类智能的本质特征之一。

在人工智能领域的研究中，知识显然占有非常重要的地位。相比人类的知识，我们这里的知识特指用计算机可以表示、存储和计算的一种特殊信息，通过知识金字塔，可以表达相关的概念层次和用语，如图 1-1 所示。具体来说，人类社会生活产生了海量的数据。这些数据可作为人工智能模型最原始和最基础的输入。其中存在大量无用的内容和噪声，在此之上经过处理提取出的有用的、相关的数据，被称为信息。这些信息可以是结构化的、半结构化的或标签化的。如果从信息论的角度思考，这些信息是具有相对较低信息熵的数据。在此之上，对信息进一步的加工和处理所得到的普适、抽象和正确的信息，被称为知识，如某个领域的概念、概念之间的关系、概念的属性、实体的描述及规则等。更进一步能够产生其他知识的知识，如本体论、公理体系等，被称为元知识或哲学（形而上学）。本书知识图谱所涉及的知识，就是在信息层之上的更高级信息。因此，知识是蕴含在数据中的经过凝练的数据和信息，是信息中的精华。一个知识点可以覆盖很多信息。通过知识，可以更好地理解信息，可以推理更多的知识，并对未知的信息做出预测，从而体现出系统的智能性。虽然通常意义下的信息或字节流是可以编码并计算的，但知识本身是一个相对独立的符号系统，对知识的编码和数字化必须涉及其背后所代表的具体语义信息的编码，在实际应用中往往是不可计算的。知识计算要同时考虑知识的符号表征、逻辑表征和语义表征，具有较大的抽象性与复杂性，使得知识工程和知识计算在人工智能的研究中具有独特而重要的地位。

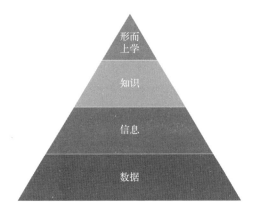

图 1-1　知识金字塔[4]

## 1.2　知识类型与知识金字塔

知识可以分成多种类型，主要包括陈述性知识、过程性知识及元知识。其中，陈述性知识用于描述领域内有关概念、事实、事物属性和状态等信息，如雪是白的；过程性知识是具有动态时序性步骤的信息，如炒菜的一般步骤；元知识是"关于知识的知识"，用于描述一般知识的使用规则、解释规则、校验规则及解释程序结构等。为了充分表示这些知识类型，需要提出一种知识表示方法，使计算机可以进行存储和计算。衡量知识表示方法的好坏，从知识表示的准则上来看，首先，应该衡量知识表示方法是否适用于计算机处理，是否能够尽可能广泛地表示知识的范围，包括陈述性知识和过程性知识、确定性知识和不确定性知识等；其次，知识表示的方法是否自然、灵活，能否对知识和元知识采用统一的形式化表示方法，以及在同一层次及不同层次上实现模块化；最后，知识表示方法是否有利于加入启发式信息，是否具有高效的求解算法，是否适合推理。知识表示方法是知识工程的基础，是随着知识规模和知识形态及知识处理手段的不断发展而不断进步的。图1-2概括了不同历史时期知识表示方法的发展与变化过程。由图可知，不同年份的知识表示方法不仅有共同的基础，而且有不同的侧重，即从小规模的知识库（Congnitive Maps）、人工制定的公理系统（Concept Maps）→结合语义信息的语义网络（Semantic Network）→稍大规模的链接数据（Linked Data，Semantic Web）→超大规模的知识图谱（Knowledge Graph）。从知识工程的发展历程可以看出，人工智能对于知识的关注焦点始终在体系、个体、链接、规模、计算和推理中不断变化和演进。而知识图谱正是在大数据、高算力的背景下作为知识工程的最新形态产生的，更加注重知识的规模、链接与计算，并且与实际应用的结合更加紧密。

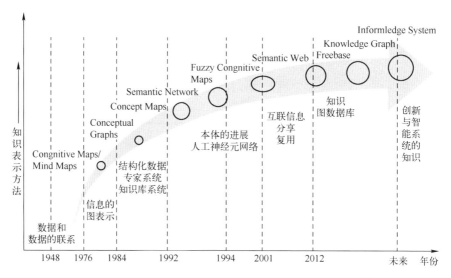

图1-2　不同历史时期知识表示方法的发展与变化过程[5]

# 1.3　什么是知识图谱

知识图谱在学术界没有一致的定义。Wikipedia给出的描述是，知识图谱是谷歌公司用来支持从语义角度组织网络数据，能够提供智能搜索服务的知识库。从这个定义可以看出，知识图谱首先是知识库的一种，是知识的一种描述、组织和存储方式。它所专注的重点是语义范畴的知识，是人类语言中所涉及的概念、实体、属性、概念之间及实体之间的关系。脱离谷歌公司的限制，知识图谱泛指当前基于通用语义知识的形式化描述而组织的人类知识系统。这个系统在本质上是一个有向、有环的复杂的图结构。其中，图的节点表示语义符号；节点之间的边表示符号之间的关系，如图 1-3 所示。这样的图结构通过语义符号和符号之间的链接，来描述人类认知下的物理世界中的对象及它们之间的关系。利用这样的知识表达与描述方式可以作为人类及人类和机器之间对世界认知理解的桥梁，便于知识的分享与利用。

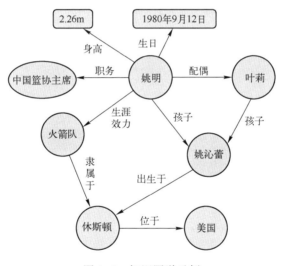

图 1-3　知识图谱示例

知识图谱是在本体（Ontology）技术的基础上发展起来的。本体是一个哲学用语，是一套对客观世界进行描述的概念体系。人工智能涉及的本体包括概念（实体所属的类）、属性（实体之间的关系映射）及概念之间的关系。举例来说，本体就是定义了类的上下位关系、包含关系及类所具有的属性，可以对知识结构进行描述，形成的具体事例数据必须满足约定的知识框架（Schema），即元知识。概念主要是指集合、类别、对象类型、事物的种类，如人、动物等；属性主要是指对象可能具有的属性、特征、特点及参数，如地点、性别、生日等；属性值主要是指对象指定属性的值，可以是数值型、字符串型的，也可以是其他实体对象，如可定义"人""运动员"等概念，而"运动员"和"人"是上下位关系。对于"人"这个概念，可以定义"身高""生日""配偶"等属性及属性的约束条件。知识图谱是由知识框架和实体数据共同构成的。实体数据必须满足框架所规定的条件。

在知识图谱系统中，不论是知识框架还是实体数据的描述都采用统一三元组的形式。知识图谱 $\mathcal{G}=(\varepsilon,\mathcal{R},\mathcal{S})$。其中，$\varepsilon=\{e_1,e_2,\ldots,e_{|\varepsilon|}\}$ 是知识库中的实体集合，共包含 $|\varepsilon|$ 种不同的实体；$\mathcal{R}=\{r_1,r_2,\ldots,r_{|\mathcal{R}|}\}$ 是知识库中的关系集合，共包含 $|\mathcal{R}|$ 种不同的关系；$\mathcal{S}\subseteq\varepsilon\times\mathcal{R}\times\varepsilon$ 代表知识库中的三元组集合。一般来说，三元组的基本形式主要包括（实体 a，关系，实体 b）和（实体，属性，属性值）等。实体是知识图谱中最基本的元素。不同的实体之间存在不同的关系。每个实体可用一个全局唯一确定的 ID 来标识。给定一个实体，则其属性–属性值可用来刻画实体的内在特性，关系可用来连接两个实体，刻画两个实体之间的关联。

知识图谱中的三元组是用 RDF（Resource Description Framework），即资源描述框架来表示的[6]。RDF 的本质是一个数据模型（Data Model），它提供了一个统一的标准来描述 Web 上的资源，也可以用来描述知识图谱。RDF 在形式上表示为 SPO 三元组，即 Subject、Predicate、Object 三元组，或借助图结构表示为 $(h,r,t)$，即头实体、关系和尾实体的三元组。三元组也称一条语句（Statement），在知识图谱中记为一条知识。在实际 RDF 的实现过程中，RDF 数据有多种通用的表示格式和序列化方法，虽然在本质上是等价的，但是在具体的数据交换、编写和存储中有着各自的优势。

RDF/XML：用 XML 来表示 RDF，是比较早的 RDF 表示方法。因为 XML 的技术比较成熟，有很多工具可以处理 XML 文件。但是这种表示方法冗余性很高，可读性和可编辑性比较差。

N-Triples：用多个三元组来表示 RDF 数据是最直观的表示方法。在文件中，每一行表示一个三元组，可方便解析和处理[7]。这种表示方法有一定的可读性。DBpedia 通常使用这种方法发布数据，是本体编辑软件 Protégé 的默认文件格式。

Turtle：使用较多的一种 RDF 序列化方式，借鉴传统的框架表示法，将一个实体的各个属性−属性值排列在实体之下[7]。其结果比 RDF/XML 紧凑，可读性比N-Triples好。本体编辑软件 TopBraid Composer 采用这种格式进行数据的输入/输出。

JSON−LD：JSON for Linked Data，是用 JSON 表示和传输链接数据（Linked Data）的表示方法[8]。JSON 是一种通用的轻量级数据交换格式，因此这种表示方法可以将知识图谱数据直接应用到基于 Web 的编程环境中，有利于计算机数据的交换与存储，是当前比较流行的表示方法。

当前，公开的大规模知识图谱主要包括 Freebase、DBpedia、Freebase、Know It All、Wiki Taxonomy、YAGO、Babel Net、Concept Net、Deep Dive、NELL、Probase、Wikidata、XLore 等。中文知识图谱有 openKG、cnSchema、cn-DBpedia、ownthink 及 zhishi. me 等。这些知识图谱都是按照三元组的二元关系进行描述的，有比较严格和完整的 Schema 定义结构。用户可以通过下载或开放 API 访问相关的数据库。

## 1.4 知识图谱的发展历史

人工智能的目标是使机器可以像人一样完成需要通过人脑才能完成的任务，包括分析、推理与预测等，如通过著名的"图灵测试"。人类的高级思维活动离不开知识。人工智能也必然不能离开知识。从人工智能的概念诞生开始，知识就作为最基本的元素伴随其中。研究人员正在试图用计算机表示、存储知识并在其基础上通过检索、推理与预测等计算方法来实现机器的智能行为。因此，知识工程作为人工智能技术的重要分支，一直伴随人工智能技术的不断进步，并根据数据规模、计算能力、应用需求等因素呈现出不同的技术特点。人工智能从技术路线上来说有几个大致的方向：一个是神经网络或连接主义学派；另一个是统计或经验主义学派，统计机器学习就是在此基础上发展起来的；还有一个是知识工程，也被称为符号主义。知识图谱是知识工程在新时期大数据环境下技术的主要落地方式。该技术虽然在 2012 年才因为 Google 得名，但其溯源从 20 世纪 50 年代开始就已经存在了，进一步涵盖了专家系统、语义网、描述逻辑等重要技术形态。回顾知识工程和知识图谱 60 年来的发展历程，可以将其分成五个标志性的时期，即前知识工程时期、专家系统时期、万维网 1.0 时期、群体智能时期及知识图谱时期，如图 1-4 所示。

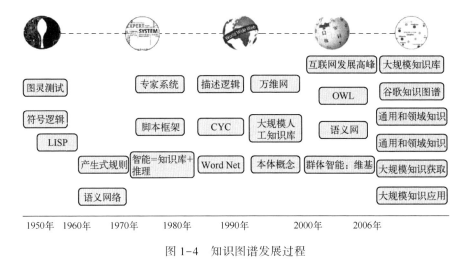

图 1-4　知识图谱发展过程

① 1950—1970 年：图灵测试，前知识工程。在人工智能发展的初期，人们把精力主要放在如何构造一个推理的模型，并在这个模型中进行问题的求解。在这个时期，因为数据获取能力的欠缺，导致忽视了对于数据中蕴含知识的加工与利用。这一时期主要有两种方法：符号主义和连接主义。符号主义认为物理符号系统是智能行为的充要条件；连接主义认为大脑（神经元及其连接机制）是一切智能活动的基础。这一时期具有代表性的研究是通用问

题求解程序（GPS）：将问题进行形式化表达，从问题的初始状态，结合表示和规则搜索得到目标状态。其中最成功的应用是博弈论和机器定理证明等。这一时期的知识表示方法主要有符号逻辑、产生式规则、语义网络等。同期人工智能和知识工程的先驱 Minsky、Mccarthy、Newell 及 Simon 等学者因为在感知机、人工智能语言、通用问题求解和形式化语言方面的杰出贡献分别获得了 1969 年、1971 年和 1975 年的图灵奖。

② 1970—1990 年：专家系统。由于过分强调对人类推理机制的模拟而忽视了数据知识，使人工智能难以在实际应用中发挥作用，大多数的工作都沦为实验室的玩具。从 20 世纪 70 年代开始，人工智能开始转向建立基于知识的系统，希望通过知识库和推理机实现智能。1977 年，费根鲍姆（Feigenbaum）最早提出了"知识工程"的概念，把知识作为智能系统的核心。他通过实验和研究分析，提出实现智能行为的主要手段在于知识，而且在多数实际情况下是特定领域的知识，使知识工程成为当时人工智能领域中取得实际成果最丰富、影响最大的一个分支。这一时期出现了很多知识表示方法，对于后面知识图谱的产生起到了非常深远的影响。例如，以一阶谓词逻辑为代表的逻辑表示方法；1974 年，由明斯基（Minsky）提出的框架表示法（Frame）；1978 年，由汤姆金斯（Tomkins）提出的脚本表示法（Script），主要用来描述过程性知识；1968年，由奎利恩（Quillian）提出了语义网络（Semantic Network），用相互连接的节点和边来表示知识。这些知识表示方法与现代知识图谱的表示方法虽然有很多共同之处，但是语义网络缺乏统一的标准，没有一个统一的知识框架，无法区分概念和实体。在这些知识表示方法的基础之上，研究者希望可以根据这些知识库来实现人工智能系统的应用，随之涌现出了很多成功的限定领域专家系统，如 MYCIN 医疗诊断专家系统、识别分子结构的 DENRAL 专家系统及计算机故障诊断 XCON 专家系统等。20 世纪 80 年代后期，出现了很多专家系统的开发平台，可以将专家领域的知识转变成计算机可以处理的知识。特别是以 Cyc 为代表的常识性大型知识库系统，希望能够用知识描述世界，同时实现对自然语言的理解、生成与推理。虽然这些知识库系统由于构建与

维护的困难、计算能力的欠缺和描述能力的缺乏而最终失败，但也为后面知识图谱的发展奠定了基础。

③ 1990—2000 年：万维网和统计机器学习。该时期出现了很多人工构建的大规模知识库，如 Word Net 和中文的 Hownet 等。万维网 Web 1.0 的产生为人们提供了一个开放平台，使用 HTML 定义文本的内容，通过超链接把文本连接起来，可使大众共享信息。W3C 提出的可扩展标记语言 XML，实现了对互联网文档内容的结构通过定义标签进行标记，为互联网环境下大规模知识表示和共享奠定了基础。万维网 Web 1.0 的出现使知识从封闭知识走向开放知识，从集中知识成为分布知识。这是文本数据开始爆炸性增长的开始，也使以统计机器学习为核心的人工智能技术逐步占据主流。由此人们开始将注意力从人工构建知识库和推理规则转变为如何自动获取知识，学习并利用知识。为使信息更加规范并便于检索，1998 年，网景公司（Netscape）制订了开放目录规范计划（ODP），依照网页的性质及内容分门别类，帮助人们进行有效而快捷的检索。为了便于更好地组织知识，人们也开始提出一些关于本体的知识表示方法。

④ 2000—2006 年：群体智能。进入新世纪后，群体智能的出现使得互联网的数据进一步爆炸性增长，特别是所生成的内容，包括百科、博客、论坛等，虽然基于关键字搜索引擎提升了获取信息的效率，但是在信息获取的准确度上存在很大缺陷。随着搜索技术的发展，人们更加意识到网页字符流背后语义的重要性，也就是知识的重要性。为了更好地理解互联网上的内容，并对多源内容进行融合，2001 年，由 Tim Berners-Lee 提出了语义网（Semantic Web）的概念，旨在对互联网内容进行结构化语义表示，并提出互联网上语义标识语言 RDF（资源描述框架）和 OWL（万维网本体表述语言）。它们利用本体描述互联网内容的语义结构，通过对网页进行语义标识获得网页内容的语义信息，使人们和机器能够更好地协同工作[9]。百科类协同知识资源（如维基百科、百度百科、互动百科等）的出现，对语义网的发展起到了决定

性的作用。通过多人协作，知识的建立变得相对容易，互联网大众用户都可以对世界知识做出贡献并且加以共享。这也成为今天大规模结构化知识图谱的重要基础。

⑤ 2006 年至今：在知识图谱拥有海量数据和大规模知识库的基础上，人们开始把重点放到如何应用这些知识到实际中，希望可以在如此大量知识的基础上，对自然语言做到真正的理解，提高计算语言处理的效率，为智能应用提供动力。与传统手工构建知识库不同，从 2006 年开始，大规模维基百科类富结构知识资源的出现和网络规模信息提取方法的进步，使得对大规模知识的获取方法取得了巨大进展。其中的代表是 DBpedia 和 Freebase，它们都是以维基百科的 Infobox 为数据来源构建的。为提升搜索质量，Google 公司在 Freebase 的基础之上提出了知识图谱（Knowledge Graph），试图通过事实性知识对网页内容进行语义理解，提取非结构化文本中实体及实体之间的关系结构，提高搜索的准确度。在这样的浪潮之下，知识图谱再次成为人工智能研究与应用的热点。大规模的知识图谱不仅可以应用于搜索引擎，更可以在语义理解、智能问答、大数据分析、商业智能中得到非常广泛的应用，并进一步推动语义网、自然语言处理和数据库等技术的发展。特别是知识图谱嵌入式表示的发展，使知识图谱计算与深度学习、增强学习自然结合，进一步提升了语义理解的能力，使符号主义和连接主义开始相互融合和促进。现在的通用知识图谱包含数以千万级或亿级规模的实体（Entities），以及数十亿或百亿的事实（Facts）（属性值和与其他实体的关系）。这些实体被组织到成千上万的由语义类体现的客观世界的概念结构中。除了通用的大规模知识图谱，各行业也在建立行业和领域的知识图谱，在各种真实的场景中体现出广泛的应用价值。

总之，知识图谱是人工智能应用的核心之一。知识图谱发展到今天，经历了从实验室到工业界、从小规模到大规模、从人工构建到自动生成的过程。人们在如何表示知识、获取知识、融合知识与应用知识上面进行了近半个世纪的探索与实践，并且会随着计算能力、存储能力的不断发展，取得更新的成果。需要指出的是，当前大规模知识图谱仍然存在重事实、轻逻辑的问题。这与实际应用场景的需要和逻辑表示能力的欠缺有关。另外，知识图谱还缺乏描述人类智能不确定性和模糊性等特点的能力。这些问题都需要未来的进一步努力。

## 1.5　知识图谱研究的主要内容

知识图谱技术是知识图谱建立和应用的技术，是语义 Web、自然语言处理和机器学习等的交叉学科。知识图谱研究的主要技术包含知识图谱的表示、构建、推理与应用。虽然当前的知识图谱都是采用 RDF 模型进行组织的，但是现代知识图谱技术在分布式表示上取得了很大的进展，有利于知识图谱的计算与应用。知识图谱的构建过程通过知识抽取技术，从半结构化、非结构化的数据中提取出实体和关系，并通过实体链接，消除实体、关系、属性等提及项（Mention）与实际对象之间的歧义，自动或半自动地形成知识库。知识推理是在已有知识库的基础上进一步挖掘隐含知识，进而丰富、扩展知识库的。知识应用是利用知识图谱增强语义理解与表达的能力，可应用在各种智能信息服务中。

### 1.5.1　知识表示

知识图谱的知识表示以结构化的形式描述客观世界的概念、实体及其关系，将互联网的信息表达成更接近人类认知世界的形式，为理解互联网的内容提供基础支撑。现有的知识图谱都是基于 RDF 规范的三元组知识表示形式，在学术界和工业界均得到了广泛的认可。近年来，以深度学习为代表的知识表示学习技术取得了重要的进展，可以将实体与关系的语义信息表示为稠密低维实值向量，进而能够在低维空间高效计算实体、关系及其之间的复杂语义关联，对知识库的构建、推理、融合及应用均具有重要意义。知识表示学习能够显著提升计算效率，有效缓解数据稀疏，实现异质信息融合，对知识库的构建、推理和应用具有重要意义，是当前研究的热点之一。

知识表示学习可通过机器学习的手段对原始数据提炼出更好的表达，通常是指自动学习数据的特征。在知识图谱中，通过对大规模知识图谱及原始文本数据的学习与训练，能够获得知识在低维稠密空间的分布向量表示，不但可以反映知识之间的语义关系，而且更加有利于知识的计算。

## 1.5.2 构建知识库

构建知识库是指将知识从非结构化、半结构化的数据中提取出来，包括命名实体识别（Named Entity Recognition，NER）、命名实体的链接与关系的抽取。实体是客观世界的事物，是构成知识图谱的基本单位。命名实体识别是指自动识别文本中指定类别的实体，需要在文本中完成实体边界的检测及实体类型的判定。传统命名实体识别的常用方法有字典法、无监督和有监督的机器学习算法。由于深度学习的发展，复杂的深度网络对于语义特征的映射与表达更加精确，因此带动了基于深度学习的命名实体学习方法，即通过对字符或词语进行向量分布式表示，经过上下文编码的方式对句子或段落进行表示，最后通过标签解码标记出实体的边界与类别。

实体链接的目标是将每个自然语言文本中的提及（Mention）匹配到知识库中所对应的实体上面，如果知识库中没有某一提及对应的实体项，那么认为该提及不可链接到当前知识库。因为自然语言中经常存在一词多义、多词一义和别名的现象，所以在命名实体识别中所识别的提及往往不能确定指向知识图谱中的实体。实体链接的过程实际上是一个消歧的过程。例如，"苹果"这个提及在不同的上下文中表示不同的实体，可以是"水果/苹果""公司/苹果"或"电影/苹果"。通过对上下文及各种外部资源（如百科字典等）的整合，确定当前提及所代表的真实实体，一方面可以正确地理解自然语言，另一方面丰富了知识库中实体的文本信息，可以对知识库中缺少的实体进行补充，完备知识库、信息检索、智能问答和优化用户阅读体验。当前，基于深度学习的实体链接方法不需要用户设计特征就能够更深层次地捕捉上下文的信息，成为实体链接任务的主流方法。

实体关系抽取就是自动从文本中检测和识别实体之间具有的某种语义关系。实体之间的关系是知识图谱的重要组成元素。没有关联的实体在知识图谱中是孤岛似的存在，是没有意义的。实体关系抽取可分为预定义关系抽取和开放式关系抽取。预定义关系抽取是指系统所抽取的关系是预先定义好的，如知识图谱中定义好的关系类别、上下位关系、国家—首都关系等。开放式关系抽取不预先定义抽取的关系类别，由系统自动从文本中发现并抽取关系。传统（非深度学习）的命名实体关系抽取方法需要人工干预（如设计规则或特征空间）。这往往会带来误差累积传播问题，极大地影响实体关系的抽取性能。近年来，随着深度学习的飞速发展，基于深度学习的命名实体关系抽取方法能自动学习句子中的深层语义，并容易实现端到端的抽取，已逐渐占据主导地位。基于深度学习的命名实体关系抽取方法可分为三大类：有监督实体关系抽取、远程监督实体关系抽取和实体识别与关系抽取联合学习。基于深度学习的有监督实体关系抽取方法通常将抽取问题视为一个分类问题，利用标注好的数据进行模型训练。基于远程监督实体关系抽取方法可以自动标注大量的训练样本，通过精心设计网络结构并加入注意力机制来降低监督中的噪声。实体识别与关系抽取联合学习方法把实体识别和关系抽取连接成一个整体的流程，端到端地给出实体、实体类别、与实体之间的关系，避免了环节之间的累积误差。

### 1.5.3　知识推理

知识推理从给定的知识图谱中推导出新的实体与实体之间的关系。传统的基于符号的推理一般基于经典逻辑（一阶谓词逻辑或命题逻辑）或经典逻辑的变异（如默认逻辑）。基于符号的推理可以从一个已有的知识图谱推理出新的实体间关系，可用于建立新知识或对知识图谱进行逻辑冲突检测。基于统计的方法一般指关系的机器学习方法，即通过统计规律从知识图谱中学习新的实体间关系，找到不同实体间可能的推理路径，并归纳形成有效的推理规则。知识推理在知识计算中具有重要作用，如知识分类、知识校验、知识链接预测与知识补全等。通过深度学习和增强学习方法，结合知识图谱的分布式表示，可以用深度神经元网络更好地表达知识图谱结构、知识图谱路径，大大增强推理效率，尤其对于大规模的知识图谱更有意义。

## 1.5.4　知识应用

随着知识图谱的广度与深度的逐步扩大，知识图谱在语义理解、智能搜索、自动问答、智能推荐、智能决策等各个领域都得到了广泛应用。Google率先将知识图谱用于智能搜索，可以根据用户的查询返回准确的答案。例如，如果要查询一个名人，那么返回结果就会以 Infobox 的形式准确地呈现出此人各个维度的信息，而不再需要用户从上下文中寻找，从而大大提升了搜索效率，提高了用户的搜索体验。自动问答中的知识库问答（Knowledge Base Question Answering，KBQA）是知识图谱应用的经典技术之一。该技术针对自然语言表述的问题，可通过对问题进行语义解析，利用知识库进行查询、推理并获取答案。知识库问答尤为重要，可在一定程度上对用户的问题进行语义上的理解，并通过这个理解构建上下文的语义环境，是实现对话机器人的基础。

知识图谱还可以应用到自然语言生成中。由于语义理解对于自然语言处理生成任务至关重要，因此引入常识知识是自然语言生成必不可少的一个因素，在开放领域的对话系统中，对于自然语言生成更有效的交互信息尤为重要，因为社会共享的常识知识是人们熟知背景知识的集合，而大规模的知识图谱正好符合这方面的条件。深度学习神经网络模型和序列到序列模型（Sequence to Sequence，Seq2Seq）缺乏对知识的理解，经常生成不合语法、重复无意义的自然语言。为了解决这一问题，一些研究者尝试将知识图谱的信息引入多种生成文本的任务，提升生成文本的质量。

知识图谱在情感分析中也起到了重要作用。情感分析又称观念挖掘、情感挖掘，是自然语言处理的一个重要研究方向。情感分析一般是利用自然语言处理、文本分析、计算语言学等的技术和手段，分析书面语言中的情感、观点、态度和表情的重要方法。情感分析的两大类方法分别基于统计和基于知识模型。近年来，虽然基于深度学习的神经网络方法取得了巨大成功，但是神经网络方法还没有克服依赖大量数据、可解释性差、多次实验一致性欠佳及数据统计偏差等问题。基于知识的方法一般是领域相关的，并且需要花费大量人力、物力构建数据，从而限制了有效的应用，所以可以利用深度学习提取文本中的概念原语，并将概念原语和知识图谱链接在一起，构成一个具有较强推理能力的模型。

## 1.6　本书内容安排

本书首先介绍知识图谱中知识表示的模型与方法，分为传统的知识表示和当前热点的知识表示，特别对于文本表示学习和知识表示学习的不同方法都进行了详细的介绍。本书第 5 章着重介绍知识图谱的构建，包括命名实体识别、命名实体链接和命名实体关系抽取；第 6 章介绍知识图谱推理的一般概念、传统方法和当前流行的推理算法；第 7 章对知识图谱在问答、语言生成及情感分析中的应用进行详细的分析与介绍，并推广到其他领域的应用；第 8 章列出当前主流的开放知识图资源，以供读者参考并应用。

# 第 2 章

# 传统知识表示与建模

知识表示一直以来都是人工智能最为核心的问题之一[10]。在人工智能系统中，提出一个清晰的知识表示框架是极其困难的。本章的主要内容就是介绍传统知识表示方法。2.1 节介绍知识表示的基本概念；2.2 节介绍基于逻辑的知识表示；2.3 节介绍产生式表示方法；2.4 节介绍语义网络表示方法；2.5 节介绍框架表示方法；2.6 节介绍其他表示方法；2.7 节为本章小结。

## 2.1 知识表示的基本概念

什么是知识表示？知识表示特指计算机表达知识的数据结构，涉及知识获取、知识清洗、知识提取等方面[10]。实际上，现存多种知识表示的优劣不仅取决于知识类型，而且受很多其他因素的影响。衡量优劣的重要指标之一是完备性。知识表示的完备性指的是能够正确、完整、有效地表示知识的性质。例如，虽然数理逻辑可以在一定程度上表示广泛的逻辑结构，但并不意味着数理逻辑就是普适的知识表示，因为还需要考察知识的不确定性和模糊性，如在推荐系统中用户的喜好就是一种模糊知识。具体来说，自然界的信息具有先天的模糊性和不确定性，能否表示模糊性和不确定性的知识也是考察知识表示性能的重要因素之一[11]。

计算机应当处理可以推理的知识表示。不能推理的知识表示就如同一本字典对于计算机来说大材小用。最适宜推理的知识表示是数学公式，但这类知识太过局限。知识库是最为广泛的知识，相对推理，难度比较大。知识表示必须考虑知识和元知识这两种不同层次知识表达的一致性，才能简化知识的处理。因此，需要在元知识中加入事实性知识和过程性知识[10]。

## 2.2 基于逻辑的知识表示

### 2.2.1 逻辑的基本概念

#### 1. 常用逻辑术语

一种知识表示语言的语法指的是这种语言句子（Sentence）的一般合理结构。逻辑的语法（Syntax）指的是逻辑表达式的合理结构。同时，逻辑表达式还具有与其相关联的事实意义。这种意义被称为语义（Semantics）。语义定义了在可能情况（Possible World）下每个逻辑表达式的真值表（Truth Table）[12]。由于本书并没有涉及具体的逻辑层面，所以此处以一个数学表达式为例与逻辑表达式进行类比。数学表达式 $x+y=4$ 是符合数学表达式语法的，而 $xy+=4$ 不符合数学表达式语法。其中，$x+y=4$ 表达了"两个变量相加等于4"这个语义。在这种语义下，$x=y=2$ 是真的（True），而 $x=y=1$ 是假的（False）。

在逻辑研究中，通常使用模型（Model）这一术语指代上述可能情况。如果一个语言的句子 $\alpha$ 在模型 $m$ 的取值下是真的，那么模型 $m$ 满足（Satisfy）句子 $\alpha$。如果满足 $\alpha$ 的模型都满足 $\beta$，那么句子 $\alpha$ 蕴含句子 $\beta$。这是一种蕴含关系（Entailment），记为 $\alpha \Rightarrow \beta$[12]。举一个例子，句子 $x=0$ 蕴含句子 $xy=0$，其语义是"只要 $x=0$，那么 $xy=0$"。

#### 2. 三种基本逻辑

逻辑的功能丰富程度有三个层次：命题逻辑（Propositional Logic）、一阶谓词逻辑（First-Order Logic）和高阶谓词逻辑（Higher-Order Logic）。

命题逻辑是语法最简单的逻辑表达语言之一。命题逻辑定义了具有真假两种取值的变量，被称为原子命题（Atom Proposition），并通过基本逻辑运算连接原子命题构成复合命题（Complex Proposition）。其中，基本逻辑运算包括与（∧）、或（∨）、非（¬）、蕴含（⇒）、当且仅当（⟺）。命题逻辑的推理过程主要有前向过程（Forward Chaining）、反向过程（Backward Chaining）和归结算法（Resolution）。

一阶谓词逻辑指的是在命题逻辑的基础上引入谓词（Predicate）。通俗地说，命题逻辑好比汇编，所有语句都是原子级的；而谓词逻辑就好比高级编程语言，在命题逻辑（汇编）的基础上引入谓词（函数），使表达能力更加丰富。除了谓词，一阶谓词逻辑的一个特点就是引入了两种量词（Qualifier）：全称量词（Universal Quantifier，∀）和存在量词（Existential Quantifier，∃）。之所以称之为一阶，主要是一阶谓词逻辑的量词不能作用到谓词上，其表达能力受到限制，于是需要设计高阶谓词逻辑。

高阶谓词逻辑在一阶谓词逻辑的基础上引入了可以作用在谓词上的量词语法，可解决一阶谓词逻辑不能量化谓词或集合的问题，从编程语言的类比中，进一步增强了表达能力。

## 2.2.2 命题逻辑

原子级句子包含简单的命题符号。每个命题符号均代表可以取真或取假的命题。复合命题是由原子级句子、括号和逻辑运算（Logical Connectives）组成的。其中，五种逻辑运算为：

① 否定（Negation，¬）：一个如¬A的句子被称为A的否定。一个命题逻辑的基本形式或者是一个原子级句子（A），或者是一个否定原子级句子（¬A），比如 North 代表向北，那么¬North 就代表不向北。

② 且（And，∧）：一个用"且"连接的句子被称为合取形式（Conjunction），如 North∧On 代表机器人面朝北正在运行。符号∧来自字母 A，意思为 And（且）。

③ 或（Or，∨）：一个用"或"连接的句子被称为析取形式（Disjunction），如 North∨East 代表机器人或向北或向东。符号∨来自字母 V，意思为 Vel（或）。

④ 蕴含（Imply，⇒）：一个用"蕴含"连接的句子被称为一个推断（Implication），如 A∧B⇒C。其中，A∧B 被称为前件（Premise），C 被称为结论（Conclusion）。蕴含也被视为用"如果–那么"表示的规则。

⑤ 当且仅当（If and Only If，⟺）。顾名思义，如果 A⇒B 且 B⇒A，那么 A⟺B。注意，这是一个双向（Biconditional）关系，也即如果 A⟺B，那么 B⟺A，意为命题 A 与命题 B 等价。

## 2.2.3 谓词逻辑

如前所述，谓词逻辑在命题逻辑的基础上引入了谓词和量词[12]。其中，一阶谓词逻辑的基本元素是符号（Symbol）、关系（Relation）和函数（Function）。符号有三种：常量符号（Constant Symbol）、谓词符号（Predicate Symbol）和函数符号（Function Symbol），如

$$Couple(Misa,John) \wedge Queen(Misa) \Rightarrow King(John) \qquad (2\text{-}1)$$

其中，Misa 和 John 代指两个人物是常量符号；Couple 是代指夫妻关系的谓词；Queen 和 King 分别是皇后和国王的谓词。

一旦逻辑表达式可以表示规则，很自然的事情就是表示同一类事物的规则，也就是对集合有效的规则。这就是量词产生的原因。

① 全称量词（Universal Quantifier，∀）代表了对于集合中每个元素的语义，如

$$\forall x \; King(x) \Rightarrow Person(x) \qquad (2\text{-}2)$$

表示"任何一个君王，都是一个人"。也就是说，对于任意一个元素 $x$，只要

"君王"这个谓词成立，那么"人"这个谓词一定成立。其中，$x$ 被称为变量（Variable）。

② 存在量词（Existential Quantifier，∃）代表至少存在一个例子满足逻辑表达式，如

$$\exists x \; \mathrm{Crown}(x) \wedge \mathrm{OnHead}(x, \mathrm{John}) \tag{2-3}$$

表示"约翰（John）头上戴着一项王冠"。也就是说，至少存在一个元素 $x$ 是一项王冠 $\mathrm{Crown}(x)$，并且戴在约翰头上 $\mathrm{OnHead}(x, \mathrm{John})$。当然，也可以写成蕴含的形式

$$\exists x \; \mathrm{Crown}(x) \Rightarrow \mathrm{OnHead}(x, \mathrm{John}) \tag{2-4}$$

③ 嵌套量词（Nested Quantifier）就是通过嵌套和组合量词表达复杂的语义，如

$$\forall x \, \forall y \; \mathrm{Brother}(x, y) \Rightarrow \mathrm{Sibling}(x, y) \tag{2-5}$$

表达"任何兄弟，都是同辈直系亲属"。当然，这种嵌套可能会很复杂，如

$$\forall x (\mathrm{Crown}(x) \wedge (\exists x \; \mathrm{OnHead}(\mathrm{Richard}, x))) \tag{2-6}$$

表示"在所有王冠中，存在一项王冠，戴在理查德（Richard）头上"。

## 2.2.4　归结原理

1965 年，美国人 Robinson 提出的一种证明一阶谓词演算中定理的方法就是归结原理[13]。

用归结原理证明定理有些类似于反证法的思想。在反证法中，首先假定要证明的结论不成立，然后通过推导出存在矛盾的方法，反证出结论成立。在归结法中，首先对结论求反，然后将已知条件和结论的否定合在一起用子句集表达。如果该子句集存在矛盾，那么可证明结论的正确性。具体来说，对任一要证明的永真公式取非后，只要证明它不可满足即可。为了完成算法，

必须先把逻辑表达式转化成一种标准型，然后对这种标准型不断使用单一的推理规则，即执行归结直到导出矛盾。注意，子句集中的子句之间是合取关系，只要有一个子句不可满足，子句集就不可满足。另外，空子句是不可满足的。因此，若一个子句集中包含空子句，则这个子句集一定是不可满足的。这就是归结原理的基本思想。简单说，检查子句集中是否包含空子句，就是只要包含空子句，子句集就不可满足；若不包含空子句，则在子句集中选择合适的子句进行归结，一旦通过归结，就能推出空子句，说明子句集是不可满足的。

1930 年，Herbrand 提出了相应的定理：在一阶谓词逻辑中，如果一个定理是正确的，就有一个机械方法能够在有限步内证明它[14]。Herbrand 定理为归结原理提供了理论支持，使归结原理具备良好的完备性质。据此，归结原理在逻辑推理范畴内有不可忽视的历史地位。

## 2.3　产生式表示方法

产生式系统有着悠久的历史。最早提出产生式系统并把它作为计算手段的是美国数学家 Post[12]。早在 1943 年，他设计的 Post 系统就能构造出一种形式化的推理工具，可以匹敌图灵机的计算能力。几乎在同一时期，乔姆斯基在研究自然语言结构时提出了四层文法模型，并给出了"重写规则"，即语言生成规则[15]。语言生成规则实际上是特殊的产生式。1960 年，巴克斯提出了巴克斯范式，用来描述计算机语言的文法。实际上，巴克斯范式即为乔姆斯基上下文无关文法[16]。

### 2.3.1　事实与规则的表示

产生式建立在因果关系的基础上，能够更好地描述事实、规则和不确定性度量。

**1. 事实的表示**

事实可以看作多变量之间关系的断言。其中，变量的值或变量之间的关系可以是一个词。例如，乔布斯的性别是男性，语言变量是乔布斯，值是男性，关系是性别；亚里士多德的老师是柏拉图，语言变量是亚里士多德和柏拉图，关系是老师。一般知识库可以使用三元组来表达基本事实：（变量，关系，值），也就是（头实体，关系，尾实体）。这种表示在计算机内的实现是一个三列的表。例如，（乔布斯，性别，男性）或（亚里士多德，老师，柏拉图）。

**2. 规则的表示**

规则用于表示事物之间的因果关系，以"如果，那么"的形式出现。实际上，在大部分系统内，规则是知识的基本单位。其中，"如果"部分的内容被称为条件或前件；"那么"部分的内容被称为动作、后件或结论。

产生式的一般形式为：前件→后件。前件和后件可以使用基本的逻辑运算符，如与（∧）、或（∨）、非（¬）。条件部分一般是事实的合取范式或析取范式，而结论部分一般是另一个事实。其基本含义是，如果前件满足，则可得到后件的结论或执行后件的动作，也就是触发后件。值得注意的是，一个产生式的结论可以作为另一个产生式的前提或语言变量使用，并进一步构成一组产生式，也就是产生式系统。

下面举几个产生式的例子：

矩阵 $M$ 被奇异值分解 → 左奇异值矩阵、奇异值矩阵和右奇异值矩阵；

在常温常压下，把水加热到 100 摄氏度 → 沸腾；

天下雨 ∧ 外出 → 带伞 ∨ 带雨衣；

发烧 ∧ 头痛 ∧ 咳嗽 → 感冒；

$x>5 \wedge y>x \rightarrow y>5$。

在知识表示中，所有的因果关系都可以转换为产生式表示。所以，产生式表示方法作为一种知识表示方法十分便利。

## 2.3.2  产生式系统的结构

一组产生式可以构成产生式系统。一般的产生式系统由三部分组成：数据库、规则库和推理机。

① 数据库可存放构成产生式系统的基本元素，也是产生式分析的对象，包括系统输入/输出、中间结果及最终结果。其中，数据的格式可以是多种形式的：常量、变量、多元组、谓词、表格和图像等。在推理过程中，当规则库某条规则的前提可以与数据库中已有事实相匹配时，这条规则就可被应用，相应的结论会被写入数据库。

② 规则库中存放的是求解有关产生式规则的集合。每个规则由前件和后件组成，包含将问题从初始状态转换为目标状态所需的所有变换规则。这些规则描述了问题域的一般客观规律。规则库是产生式系统的基础。其完整性、一致性、准确性、灵活性及合理性都对产生式系统的能力有影响。

③ 推理机是一个解释程序，控制协同规则库与数据库，负责整个产生式系统的运行，决定问题求解过程的推理路线，实现对问题的求解。推理机主要包括以下一些内容：

按一定策略从规则库中选择规则，与数据库中的已有事实进行匹配。

当匹配成功的规则多于一条时，需要从匹配成功的规则中选出一个执行，即根据一定的策略消解冲突。

解释执行规则后件的动作。

掌握结束产生式系统运行的条件。

其中包括推理方式、控制策略和动作的执行方式等。推理机是产生式系统的核心。推理机的性能决定了产生式系统的性能。

### 2.3.3　产生式系统的推理

产生式系统的推理方式有三种：正向推理、反向推理和双向推理。产生式系统的推理可以在与或图上进行。与或图是各个事实之间的逻辑关系图。

① 正向推理是从已知事实出发，通过规则库求得结论的，也称自底向上推理方式，或者数据驱动方式。这种推理方式是正向使用规则的，即将问题的初始状态作为初始数据库，且仅当数据库中的事实满足某条规则时，相应规则才被使用。正向推理的推理基础是逻辑演义的推理链，从一组事实出发，使用一组规则来证明目标的成立。例如，事实 A，规则库中有规则 A→B、B→C、C→D，正向规则表示为 A→B→C→D。

② 反向推理是从目标出发，反向使用规则，求得已知事实的，也称自顶向下推理方式或目标驱动方式。反向推理的基本原理是从表示目标的谓词或命题出发，使用一组规则证明事实谓词或命题是成立的，即使用一组假设（目标），并逐一验证这些假设。反向推理的具体实现是首先假设一个系统试图证明的可能目标，然后分析这个目标是否在数据存储器中存在：若存在，则结论成立；否则，将查看相应目标的叶子节点（子目标），找出结论部分包含此目标的规则，把它们的前提作为新的目标，并重复。如此循环下去，直到所有目标都被证明为止。

③ 双向推理，即自底向上，又自顶向下，直到中间环节两个方向的结果相符，便成功结束推理。显然，这种方式的推理网络较小，效率也较高，也称正反向推理。这是为了克服正向推理和反向推理的缺点而提出的。

## 2.4　语义网络表示方法

语义网络（Semantic Network）或框架网络（Frame Network）是一种利用

网络表明概念之间语义关系的知识表示方法。其结构可以是有向图，也可以是无向图。相应图结构的节点代表概念，相应图结构的边代表语义关系。通常的语义网络可以用三元组形式表示，所以又称语义三元组（Semantic Triples）。语义网络在语义去重、问答系统等自然语言处理任务中有着重要的应用[17]。

## 2.4.1 语义网络的历史

1956 年，语义网络第一次被剑桥语言研究机构的理查德·李申斯（Richard H. Richens）提出[18]，是用于机器翻译中表示自然语言的一种中间语言（Interlingua）。其后在 1960 年早期，语义网络又同时被系统开发公司（System Development Corporation）的罗伯特·西门斯（Robert F. Simmons）、谢尔顿·凯恩（Sheldon Klein）、卡伦·马克康格（Karen McConologue）、罗斯·坤音（M. Ross Quillian）作为 SYNTHEX 项目的子项目发明[19]。其后的语义网络衍生出三个分支：知识图谱（Knowledge Graph）[20]、语义链接网络（Semantic Link Network）[21]和语义相似网络（Semantic Similarity Network，SSN）[22]。

① 在 1980 年晚期，两所荷兰大学：Groningen 和 Twente 联合开始研究一项题为知识图谱（Knowledge Graph）的项目[20]。知识图谱本身就是一种语义网络，它在一般的语义网络之上添加了对边的约束：边被限制只能从有限集合中选择，具有代数结构，可加速检索。在接下来的几十年里，语义网络和知识图谱的界限逐渐模糊。

② 语义链接网络作为一种研究社交网络的方法被系统性地提出。其基本模型包含语义节点、节点之间的语义边和定义在其上的语义空间与推理方法。其基本理论在 2004 年被第一次正式发表。自 2003 年以后，其相关研究就开始向着社交语义网络（Social Semantic Networking）方向发展[21]。语义链接网络在文本摘要的理解和表示方面有着重要的用途。

③ 其他特殊的语义网络都有特殊的用途。比如在 2008 年，本戴克

（Fawy Bendeck）的博士论文就形式化了语义相似网络。语义相似网络包含针对性的关系和传播算法，可简化语义分析的工作[22]。

### 2.4.2　语义网络的结构

语义网络的基本结构依照图结构来实现，也就是说，作为节点的实体通过作为边的语义关系来链接。从结构上来看，语义网络由众多的三元组组成：（节点1，边，节点2），或者（头实体，关系，尾实体）。其中，节点代表实体：事物、概念、属性、状态、动作等；边既有方向又有标注信息，体现了头、尾实体之间的关系；节点1或头实体被称为主语，属于主动位置；节点2或尾实体被称为宾语，属于被动位置；边上的标注可说明两个节点或两个实体的语义关系。

当具有多个三元组，即多个基本单位时，就构成了一个语义网络。由语义网络的特点不难看出，语义网络不仅可以表示事物的属性、状态和行为等，更适合表示事物之间的关系。需要注意，事实与规则的语义网络在形式上并无区别，只不过边上的语义标注不同而已。语义网络不适用于对过程性知识的建模。

语义网络与谓词逻辑和产生式之间有对应关系。先分析谓词逻辑和语义网络的关系：一个语义网络相当于一个二元谓词，其中个体对应节点，边上的关系就是逻辑中的谓词。再来分析产生式与语义网络的联系：产生式的基本单元是产生式规则，大量产生式规则可构成产生式系统，从而实现知识表示；语义网络的基本单元是基本事实三元组，通过大量基本事实三元组，可构造语义网络并进行知识表示。

### 2.4.3　语义网络的实例

语义网络的一个实例就是 WordNet[23]。它是一种英文的词法库。WordNet 对英文单词进行聚类，得到的同义词集合被称为 Synset，可为 Synset 提供短的、一般性的定义，并记录 Synset 之间的多种语义关系。WordNet 的性质可以从网络理论的角度研究。对比其他语义网络，如 Reget's Thesaurus 等，WordNet 具有小世界结构。

## 2.4.4 基本的语义关系

语义网络中的基本语义关系有 8 种，分别表示类属、整体、部分、从属、能力、时间、位置、相近关联。

① IS-A 关系表示一个事物是另一个事物的实例化，是具体与抽象的概念，与面向对象设计中的继承是同一种理念。此关系最主要的特点就是属性的继承性，处在派生位置的实体具有处于父实体的一切属性和行为。例如，波斯猫是猫、矿泉水是饮料等。

② Part-Of 关系表示一个事物是另一个事物的一部分，体现的是部分与整体的概念。其特点是此关系头、尾实体的属性可能是不同的，因为此关系不具有继承性。例如，桌腿是桌子的一部分，但桌腿不具备桌子的属性"价格"。

③ Have 关系表示一个节点具有另一个节点所描绘的属性。例如，东南亚包含泰国，欧洲包含英国。

④ A-Kind-Of 关系是与 IS-A 相反的关系。IS-A 是实例化的。A-Kind-Of 是泛化的，可表达事物的类型，是一种类属的概念，体现概念的层级。此关系也有继承性，处在低位置的节点可以具有处在高位置节点的所有属性，但低位置的节点也可以具有自己独特的属性。比如，泰国是一个亚洲国家，但泰国有自己的民俗文化。

⑤ Can 关系表示一个节点能做另一个节点的事情。例如，田径运动员也可以举重。

⑥ 时间表示不同事件在发生时间方面的先后关系。常用的时间关系有：

Before，表示一个事物发生在另一个事物之前；After，表示一个事物发生在另一个事物之后。

⑦ 位置表示不同事物在位置方面的关系。常用的位置关系有：On，一个物体在另一个物体之上；At，一个物体的具体位置；Under，一个物体在另一个物体之下；Inside，一个物体在另一个物体之内；Outside，一个物体在另一个物体之外。

⑧ 相近关联表示不同事物在具体属性上的相似概念。常用的相近关联有：Similar，相似；Near，接近。

### 2.4.5　语义网络的推理

不同的知识表示方法有不同的推理机制。语义网络的推理方法不像逻辑表示方法和产生式表示方法那样明确。语义网络推理有多种不同的方法。有人在语义网络上引入逻辑运算[24, 25]，试图用与、或、非来表示语义网络的逻辑关系，利用归结推理算法对语义网络进行推理。还有人把语义网络作为一个有限自动机，通过寻求自动机中的汇合点来达到求解问题的目的[26]。就目前的情况，语义网络的推理方法还不够完善。基于语义网络的知识引擎主要有两个部分：语义网络表示的知识库和问题求解的推理机。其中，推理机的基本原理有两种：继承和匹配。

**1. 继承**

继承是对事物从抽象的节点遍历具体节点的描述过程。利用继承，可以得到所需节点的一些属性值。例如，通过沿着 Is-A 和 A-Kind-Of 等继承关系运行。这种推理类似人类的推理过程，一旦获知某些事物的类别，就可以使用这类事物通用的特性。例如，提到酸，就会想到腐蚀性，则盐酸也一定会有腐蚀性；提到欧洲国家，就会想到北半球，即德国属于欧洲国家，在北半球。

继承的一般算法：

① 初始节点表、待求节点和所有通过基本语义关系与初始节点相链接的

29

节点。初始节点表只有待求节点。

② 检查初始节点表中的第一个节点是否具有继承边：

若有，则将该边指定的节点放入初始节点表的末尾，记录这些节点所有属性的值，并从初始节点表中删除第一个节点；

若没有，则仅从初始节点表中删除第一个节点。

③ 返回②，直到初始节点表为空。

当然，实际系统的推理会很复杂，如某些元素的属性可以用复杂的公式进行计算，在某些情况下，还需要引入不确定性来描述知识。

**2. 匹配**

继承只能解决部分问题，如类节点和实例节点之间的求解问题。复杂网络的求解大部分是通过匹配来完成的。其基本思想是在语义网络中寻求与待求问题相符的语义网络模式。匹配的主要过程为：依据问题的要求构建语义子图，该语义子图为待求问题的解。根据语义子图和语义网络相匹配的情况寻求相应的信息，这种匹配不一定要完全匹配，近似匹配也可以求解。语义网络没有形式语义，也就是说，与谓词逻辑不同，所给定的表达式对语义没有统一的表示方法。现有语义网络的推理机很多，其核心都是基于继承和匹配两种原理的。

# 2.5 框架表示方法

## 2.5.1 框架理论的概念

### 1. 框架的定义

框架（Frame）是人工智能中知识表示的一种方法。框架的形式主要有框架集合和框架引用。这种表示方法与面向对象设计（Object Oriented Design）

相似。框架更着重于表示常识知识，面向对象设计更关注信息的封装和隐藏；框架植根于人工智能，面向对象设计是一种软件工程的技术。就一般意义而言，这两种技术存在非常多的相似性。

**2. 框架的历史**

框架最早的研究要追溯到 20 世纪 30 年代关于人类感知和解释事物的研究。框架这个术语是由 Minsky 提出来的，用于表示人们在理解情景、故事时的心理模型，也就是相应的思维过程[27]。在语言学方面，1970 年左右，查理斯·费尔摩（Charles J. Fillmore）开始专注于框架语义理论（Theory of Frame Semantics）的研究。其后，他的研究转化为 FrameNet[27]。框架语义理论是反映人类语言和感知的一种框架理论。另一方面，布莱斯曼（Ron Brachman）等人希望给人工智能找到形式化的可计算的逻辑表示。他们的目标是把框架理论中的框架、槽值、约束和规则与集合论和逻辑学的概念对应起来[28]。其优点是可以利用逻辑的自动推理对框架理论进行分析；缺点是难以被自然语言理解和建模。

**3. 框架的基本思想**

框架理论是一种思想方法，并非实际的知识表示形式，在表示事物有关的知识时，不仅可以表达事物各方面的属性，而且可以表达事物之间的类属关系。框架理论的基本观点是，人脑实际已存储大量的典型场景，当面临新的场景时，不必一点一点地探索新场景的各个细节，而是依据已有场景，确定对新场景的描述，也就是说，可以依据基本印象，从框架中挑选一个场景进行分析、补充和完善。产生式表示的基本单位是产生式，一组产生式可构成产生式系统；语义网络的基本单位是三元组，一组三元组可构成语义网络；框架系统的基本单位是框架，一组框架可构成框架系统。知识表示是由框架的变化完成的；知识推理是由框架的协作完成的。

**4. 框架实例**

以三个框架实例来分析所表达的配偶关系。第一个框架实例描述人物，第二个和第三个框架实例描述夫妻关系。

第一个框架实例为：

框架名：<人物>；

类型：<抽象概念>；

性别：；

年龄：；

配偶：。

第二个框架实例为：

框架名：<钱钟书>；

类型：<人物>；

性别：男；

年龄：<已故>；

配偶：<杨绛>。

第三个框架实例为：

框架名：<杨绛>；

类型：<人物>；

性别：女；

年龄：<已故>；

配偶：<钱钟书>。

## 2.5.2 框架的结构和框架的推理

### 1. 框架的结构

一个框架通常由被称为槽的结构组成。每一个槽拥有一定数量的侧面。

每一个侧面拥有若干侧面值。顶层框架是一类固定的事物，基于不同的抽象粒度表达自顶向下的层级结构。槽值可以是多种形式的：逻辑、数值、代码、子框架等。若槽值是另一个框架，则是一个框架对另一个框架的引用。

**2. 框架的推理**

如前所述，框架可以看作一种复杂的语义网络。框架表示方法同样没有标准的黄金推理机制，与语义网络一样，使用继承和匹配原则。由于框架可以描述动作和时间，所以在这种条件下，推论可以得到比语义网络更强的结论。框架表示下的继承就是子框架可以拥有父框架的槽和槽值。实现继承的操作有匹配和填槽。匹配就是将问题框架和知识库中的框架进行模式匹配，若匹配成功，则查询到指定信息；若匹配不到，则可以继续沿着框架在纵横向进行查找，从而得到相关信息。填槽的方式一般有继承、查询和计算。继承是框架填值的最简单方式。查询就是推理出中间结果，或者获得新的用户输入。计算是用来应对特殊领域的知识而增设的。

## 2.6　其他表示方法

### 2.6.1　脚本知识表示方法

脚本是一种特殊的框架，采用原语作为槽名来表示特定领域内的对象，并描述这些对象的发生序列。

脚本的表示方法类似剧本，由开场条件、角色、道具、场景、尾声（结果）等部分组成。其中，开场条件表明触发脚本的条件；角色就是脚本中出现的实体；道具就是脚本中的工具或对象；场景就是脚本发展的过程；尾声就是触发脚本的结果。

## 2.6.2 过程性知识表示方法

本书主要介绍的知识表示方法都是静态的。过程性知识表示需要表示一个算法流程，有两种内涵：

把解决一个问题的过程描绘出来，即解题过程；

把客观事物的发展过程用某种方式表达出来。

在采用过程性知识表示的系统中，其推理是目标到目标、状态到状态的转移。每当有一个新的目标，就从可以匹配到的过程规则中选择一个满足条件的触发执行，在执行过程中，产生新的目标，同时系统的状态发生变化。反复执行，直到状态结束。

## 2.7 本章小结

本章介绍了传统知识的表示方法。首先，介绍了知识表示的概念；然后，着重分析了四种经典表示方法：逻辑、产生式表示、语义网络和框架理论。逻辑分为命题逻辑和谓词逻辑。产生式表示是基于一组产生式的知识表示方法，利用前向算法、反向算法和双向算法进行推理。语义网络是一种基于三元组的知识表示模型，其推理方法主要有继承和匹配。框架理论是一种带有槽位的知识表示方法，其推理方法主要也是继承和匹配。

# 第 3 章

# 现代文本表示学习基础

表示学习（Representation Learning）旨在学习对观测样本或原始数据的有效表示。无论是知识图谱的构建，还是知识图谱的应用，文本（Text）都是最重要的一种观测样本。传统的独热（One-hot）和基于词频–逆向文档频率（Term Frequency–Inverse Document Frequency，TF-IDF）的表示既面临"维度爆炸"问题，又难以捕获文本内部更深层的语义信息。随着深度学习的兴起，基于神经网络的分布表示（Distributed Representation）可将文本映射到一个低维度稠密实值的向量空间。每个维度均表示一种潜在的语法或语义特征。文本的分布表示能对文本进行更高层次、更加抽象的表达，可以更精确地反映文本之间语义上的联系，具有较强的语义表达能力。文本的分布式也在知识图谱的构建和应用中发挥着重要作用。本章将系统地介绍文本表示学习的一些基础模型和进阶模型，并讨论文本表示与知识表示之间的联系。

## 3.1 文本表示学习的基础模型

在自然语言处理领域，单词是基本的语义单元，由单词组成句子，由句子组成文档。根据粒度不同，现代文本表示学习的基础模型主要包括三大类：单词的分布表示、句子的分布表示和文档的分布表示。

### 3.1.1 单词的分布表示

对于单词的分布表示，常有两种思路：一种思路是对单词及其上下文直接建模，得到单词级别的分布表示；另一种思路是对单词内的字符建模，进而得到字符级别的分布表示。

### 1. 单词级别的分布表示

与独热编码表示（One-hot Representation）[①] 方法相比，单词级别的分布表示（Word Distributed Representation，也称 Word Embedding）使用低维度稠密实值向量表示单词。每个维度均表示一种潜在的语法或语义特征（此类隐特征由模型学习得到，人们往往并不知道其确切的物理意义）。图 3-1 展示了独热编码表示与单词级别分布表示的区别。单词级别分布表示往往是低维度固定长度的向量，可很好地解决独热编码表示中因词汇表过大而带来的"维度爆炸"问题。Harris 在 1954 年提出的分布假说（Distributional Hypothesis）为单词级别的分布表示提供了理论基础：上下文相似的词，其语义也相似[29]。近些年涌现的单词级别的分布表示模型主要有谷歌的 Word2vec[②] 和斯坦福大学的 GloVe[③] 等。

表示

独热编码表示　$[0,0,0,1,0,0,0,0,\cdots,0,0,0,0]$

分布表示　　　$[0.12,0.73,0.09,0.45,\cdots,0.32,0.71,0.82]$

图 3-1　独热编码表示与单词级别分布表示的区别

在介绍现代单词级别的分布表示方法之前，先简要回顾统计语言模型（Statistical Language Model，SLM）。具体来说，统计语言模型旨在为一个长度为 $m$ 的文本确定概率分布 $P$ 来表示这段文本存在的可能性，可描述为

$$P(w_1,w_2,\cdots,w_m) = P(w_1)P(w_2 \mid w_1)P(w_3 \mid w_1,w_2)\cdots$$
$$P(w_i \mid w_1,w_2,\cdots,w_{i-1})\cdots P(w_m \mid w_1,w_2,\cdots,w_{m-1}) \tag{3-1}$$

在实际中，如果文本较长，则对式（3-1）中的 $P(w_i \mid w_1,w_2,\cdots,w_{i-1})$ 估算会非常困难。因此，常用的解决办法是使用简化的模型：$n$ 元模型（$n$-

---

① One-hot 编码表示，又称独热编码表示、一位有效编码表示。在任何时候，只有一位编码有效。

② 参见 https://code.google.com/archive/p/word2vec/。

③ 参见 http://nlp.stanford.edu/projects/glove/。

Gram Model）。其核心思想是在 $n$ 元模型中计算当前词的条件概率时，只考虑当前词的前 $n$ 个词，可表示为

$$P(w_i \mid w_1, w_2, \cdots, w_{i-1}) \approx P(w_i \mid w_{i-(n-1)}, \cdots, w_{i-1}) \qquad (3-2)$$

在 $n$ 元模型中，一般采用频率计数的比例来估算 $n$ 元条件概率。当 $n$ 较大时，模型的参数出现指数型增长，模型复杂度越来越高，估算概率时也会遇到数据稀疏的问题。鉴于 $n$ 元模型的不足，2003 年，Bengio 等人[30]提出了用神经网络建立统计语言模型的框架（Neural Network Language Model，NNLM）。NNLM 使用一个三层前馈神经网络，利用前面 $n-1$ 个词来预测后面的一个词。他们发现使用第一层参数作为词表示时，不仅低维紧密，而且能够蕴涵语义。这也就为现代使用的词向量打下了基础。由于 NNLM 只利用前 $n-1$ 个词的信息，并且 NNLM 的训练十分缓慢，因此计算复杂度过大，参数较多。

2013 年，谷歌的研究者 Mikolov 等人[31]提出词的分布表示模型 Word2vec，包括 CBOW（Continuous Bag-of-Words）和 Skip-gram。这是两种从大量无结构化的文本数据中学习高质量的词向量表示的有效方法。图 3-2 给出了这两种模型的结构示例。它们都包含三层：输入、投影和输出。CBOW 模型将一个词［如 $w(t)$］所在上下文中的词［如 $w(t-2)$ 到 $w(t+2)$］作为输入，并将这个词本身作为输出。上下文的长度通常由一个移动窗口来控制，并将窗口中心词作为输出。Skip-gram 模型与 CBOW 模型相反，即给定窗口中心词，预测其上下文中的词。从模型结构可以看出，两种模型都是通过大量的语料进行训练的，并不需要标注数据。网络的训练可以采用梯度下降法。网络的权重矩阵就是所有词汇的分布表示。对于现实中上千万个甚至上亿个语料库，仅有这两个模型是不够的，无法解决计算量庞大的问题。Mikolov 等人[32]提出了 Hierarchical Softmax 和 Negative Sampling 方法来加速训练。

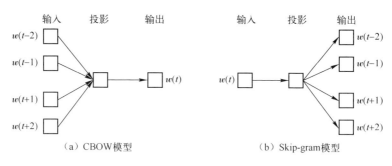

（a）CBOW模型　　　　　　　（b）Skip-gram模型

图 3-2　CBOW 模型和 Skip-gram 模型的结构示例

经学习到的单词分布表示也可以显式地表示很多语言规律和模式，并经常被用在后续的各种自然语言处理任务中。例如，词之间的相似性，可以直接通过词向量之间的余弦距离度量来确定；对于线性变换 Vector（"Stockholm"）-Vector（"Sweden"）+Vector（"China"），经计算得到的向量比任何词向量都更接近于 Vector（"Beijing"）。基于 Word2vec 的词向量，图 3-3 展示了一些国家名和首都名基于二维主成分分析的词向量投影。

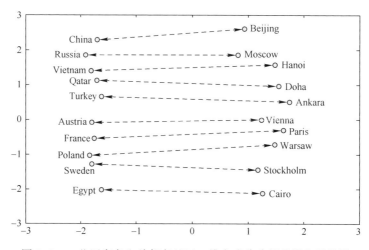

图 3-3　一些国家名和首都名基于二维主成分分析的词向量投影

2014 年，Pennington 等人[33]提出了 GloVe 模型。该模型利用词汇的全局共现（Cooccurrence）信息来构建一个词汇的共现矩阵，并对这个共现矩阵进行降维得到词的分布表示。具体而言，GloVe 模型的实现包括三个步骤：①构建共现矩阵（Co-occurrence Matrix）$X$，其中每一个元素 $X_{ij}$ 均代表单词 $i$ 和单词 $j$ 在给定上下文窗口内共同出现的次数；②构建词向量与共现矩阵 $X$ 之间的近似关系，即 $w_i^{\mathrm{T}} \widetilde{w}_k + b_i + \widetilde{b}_k = \ln(X_{ik})$，其中，$w_i$ 和 $\widetilde{w}_k$ 为需要学习的词向量；$b_i$ 和 $\widetilde{b}_k$ 为偏置项；③构造损失函数，可表示为

$$\mathcal{L} = \sum_{i,j=1}^{V} f(X_{ij}) \left[ w_i^{\mathrm{T}} \widetilde{w}_k + b_i + \widetilde{b}_k - \ln(X_{ik}) \right]^2 \qquad (3\text{-}3)$$

式中，$f(x)$ 是一个截断函数，以降低高频词对模型的干扰，定义为

$$f(x) = \begin{cases} (x/x_{\max})^{\alpha}, & x < x_{\max} \\ 1, & \text{其他情况} \end{cases} \qquad (3\text{-}4)$$

与 Word2vec 模型相比，GloVe 模型在充分利用语料库全局统计信息的同时，提高了词向量在大语料上的训练速度。

**2. 字符级别的分布表示**

与单词级别的分布表示相比，字符级别的分布表示更利于发现显式的子词级（Sub-Word Level）信息，如单词的前缀与后缀规律。对于英文语料来说，一种模型的训练词汇表不可能包括所有英文词汇。因此，在测试模型时会经常出现集外词（Out-of-Vocabulary，OOV）的现象，即很多测试集中的单词并未在训练集的词汇表中出现，通常此类单词被标记为生词（Unknown Word）。如果集外词较多，那么模型的性能往往会变得很差。英文的字符集是有限的，不同的字符可组成不同的单词，如果能从字符集中学习单词的分布表示，那么将在一定程度上缓解集外词的现象。字符级别的分布表示常有两种模型：基于卷积神经网络的模型和基于循环神经网络的模型，如图 3-4 所示。

卷积神经网络（Convolutional Neural Network，CNN）是受生物学上感受野（Receptive Field）的机制启发而提出的，是一种具有权值共享、局部连接的前馈神经网络（Feed-forward Neural Network）。图 3-4（a）给出了基于卷积神经网络的模型。该模型首先构建字母表，并对其进行 One-hot 编码；然

后，利用一个嵌套网络进行初始化，即对每一个字符产生一个 $d$ 维的随机向量，假设一个单词由 $m$ 个字符组成（包含填充字符 Pad），经查表操作后，产生一个 $m \times d$ 的词汇矩阵，卷积运算通常是二维的，是沿着字符的方向进行的，也就是卷积核（Kernel）宽度为 $k$，高度为 $d$；接着，经过池化（Pooling）操作进行特征选择，降低特征数据，减少网络的参数数量；最终，得到的字符级表示为一个 $d$ 维的向量，其长度并不随输入字符长度的变化而变化。

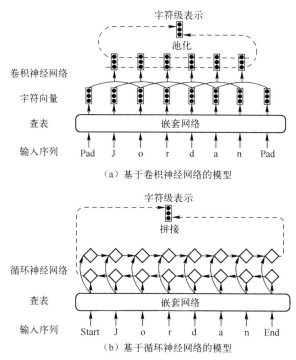

图 3-4　两种常用的基于字符级别的分布表示模型

循环神经网络（Recurrent Neural Network，RNN）的核心思想是，首先网络中的神经元将上一时刻的输出和本时刻的输入同时作为网络的输入，得到本时刻的输出，然后不断地重复这个过程，最终形成具有环路的网络结构。因此，循环神经网络具有一定的短期记忆能力。图 3-4（b）给出了基于循环神经网络的模型。通常，单词的字符级别分布表示由正向网络和反向网络的最后一步输出得到。

2016 年，谷歌 Word2vec 的提出者 Mikolov 等人又提出了 fastText[①] 词向量[34]。fastText 本质上是 Word2vec 的一个拓展。其核心思想是使用子词来学习词的表示，每个词由内部的 $n$-gram 字母串组成。例如，当 $n=3$ 时，<where>可分解为<wh,whe,her,ere,re>及其本身<where>。每个词的表示是其子字符串嵌入表示的加和平均。由于加入 $n$-gram 字母信息，因此 fastText 可以学习未知词的表达，在一定程度上解决了集外词的问题。例如，Working 虽未在训练语料中出现过，但其子词 Work 和 ing 出现过，因此 Working 的表示也能够根据 $n$-gram 字母信息近似计算出来。

## 3.1.2　句子的分布表示

在各种词表示技术涌现后，一些研究者也开始探讨如何进行句子表示学习，从而获得质量较高的句子的分布表示（Sentence Embedding）。句子的分布表示在信息检索、问答系统和文本摘要生成等任务中有广泛的应用，主要包括两大类：一是无监督的句子表示学习，不需要标注数据；二是有监督的句子表示学习，往往需要结合下游监督任务的标签得到句子的分布表示。

### 1. 无监督的句子表示学习

下面介绍几个典型的无监督句子表示学习方法：词袋模型、Recursive Autoencoder 模型、Paragraph Vector 模型、Skip-Thought Vector 模型、Fast Sent 模型和 Quick-Thought Vector 模型。

（1）词袋模型

在得到单词的分布表示后，一种获得句子向量的最简单、最直接的方法就是基于词袋的模型（Bag of Words），即对句子中的词向量进行加权组合，最常用的方法包括词向量平均法和词频-逆文本频率（TF-IDF）加权法。特别是 Arora 等人[35]在论文 *A Simple but Tough-to-Beat Baseline for Sentence Em-*

---

① 参见 https://fasttext.cc/docs/en/english-vectors.html。

beddings 中提出了 SIF（Smooth Inverse Frequency）加权平均法。其主要包括两个步骤。第一个步骤是对句子中的所有词向量进行加权平均，得到平均向量 $v_s$，可表示为

$$v_s \leftarrow \frac{1}{|s|} \sum_{w \in s} \frac{a}{a + p(w)} v_w \tag{3-5}$$

式中，$p(w)$ 为估计的词频；$a$ 为平滑参数；$|s|$ 为句子中单词的个数。第二个步骤是移除由 $v_s$ 所在句子向量组成的矩阵 $X$（$X$ 的列可表示为 $\{v_s : s \in \mathcal{S}\}$）的第一个主成分（The First Principal Component）上的投影，可表示为

$$v_s \leftarrow v_s - uu^\mathrm{T} v_s \tag{3-6}$$

式中，$u$ 为 $X$ 的第一奇异向量（First Singular Vector）。SIF 方法虽然简单，但在实际中取得了不错的效果。

（2）Recursive Autoencoder 模型

递归神经网络（Recursive Neural Network）是具有树状层次结构（Hierarchical Structure）的网络。其输入往往是树或图。本质上，循环神经网络是递归神经网络的一种特殊形式，因为一条链可以写成一棵树的形式。递归神经网络可以返回树上每个节点的向量表示，因此常用来建模句子的语法与语义结构。自动编码器（Autoencoder）的思想是通过学习尝试将输入复制到输出，无监督地实现对输入的压缩再重建。通过句法分析，一个句子通常可以表示成一个树结构（见图 3-5），将 Recursive Neural Networks 与 Autoencoder 相结合，实现对句子的分布表示建模[36]。设 $(c_1; c_2)$ 为两个子节点，其父节点可以表示为 $p = f(W[c_1; c_2]) + b$，同时两个子节点的表示可被还原为 $[c_1'; c_2'] = W'p + b'$，重建误差可表示为

$$E_{\mathrm{rec}}([c_1; c_2]) = \frac{1}{2} \| [c_1; c_2] - [c_1'; c_2'] \|_2^2 \tag{3-7}$$

训练的目标就是最小化整棵树的重建误差，通过不断向上迭代，将整棵树的顶层父节点的表示作为句子的表示。

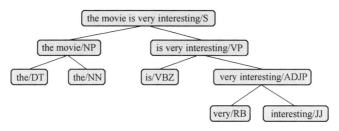

图 3-5　成分句法树

（3）Paragraph Vector 模型

2014 年，Le 等人[37]在论文 *Distributed Representations of Sentences and Documents* 中提出了 Paragraph Vector 模型。其中包括两个模型：Distributed Bag of Words version of Paragraph Vector（PV-DBOW）和 Distributed Memory Model of Paragraph Vectors（PV-DM），如图 3-6 所示。在 PV-DBOW 模型中，每个段落都映射到一个唯一的向量，并由其预测从段落中随机抽取的单词。在 PV-DM 模型中，根据当前段落向量和当前上下文中的词向量一起来预测上下文中的下一个词。

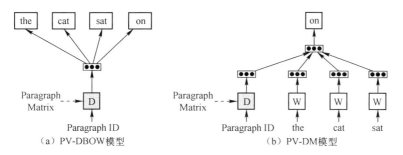

图 3-6　Paragraph Vector 模型

（4）Skip-Thought Vector 模型

2015 年，Kiros 等人[38]提出了 Skip-Thought Vector 模型。其结构如图 3-7 所示，分为两部分，即先用 GRUs（Gated Recurrent Units）对句子进行编码，再用两组 GRUs 分别对当前句子的上一句和下一句进行预测。Skip-Thought Vector 模型根据当前输入的 I could see the cat on the steps 分别预测上一句 I got

43

back home 和下一句 This was strange。因此，Skip-Thought Vector 模型中的目标函数也有两部分：一部分来自预测的下一句；另一部分来自预测的上一句。Skip-Thought Vector 模型训练后，将编码器作为句子特征提取器，为所有句子提取 Skip-Thought Vector 模型向量。

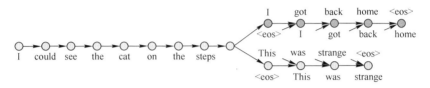

图 3-7　Skip-Thought Vector 模型结构

（5）Fast Sent 模型

Skip-Thought Vector 模型采用语言模型进行解码，导致训练速度很慢。2016 年，Hill 等人[39]提出了 Fast Sent 模型，旨在解决 Skip-Thought Vector 模型计算速度慢的问题。具体而言，通过 Fast Sent 模型可以学习每个词的源表示 $u_w$ 和目标表示 $v_w$。给定三个连续的句子 $S_{i-1}$、$S_i$、$S_{i+1}$，中间句子 $S_i$ 用其所有词的词向量之和来表示，即 $S_i = \sum_{w \in S_i} v_w$，然后根据 $S_i$ 对 $w \in S_{i-1} \cup S_{i+1}$ 进行预测，无须像 Skip-Thought Vector 模型那样按照句子中词的顺序进行生成，因此 Fast Sent 模型的损失函数为

$$\sum_{w \in S_{i-1} \cup S_{i+1}} \phi(S_i, v_w) \tag{3-8}$$

式中，$\phi(\cdot)$ 为 Softmax 函数；$v_w$ 为目标句子中词 $w$ 的分布表示。

（6）Quick-Thought Vector 模型

2018 年，Logeswaran 等人[40]提出了 Quick-Thought Vector 模型。其结构如图 3-8 所示。该模型的输入为一个句子 $s$ 及一个候选句子集合 $S_{cand}$，$f$ 和 $g$ 分别对 $s$ 和 $S_{cand}$ 进行编码。在 $S_{cand}$ 中，只有一个句子是 $s$ 的上下文句子（也就是 $s$ 的前一个句子或后一个句子），其他则不是 $s$ 的上下文句子。Quick-Thought Vector 模型使用一个分类器来预测 $s$ 的上下文句子，例如在图 3-8 中，第二个

候选句子 And yet his crops didn't grow. 是 Spring had come. 的上下文句子。Quick-Thought Vector 模型训练后，给定一个新的句子 $s$，其分布表示为两种编码器的拼接，即 $[f(s);g(s)]$。

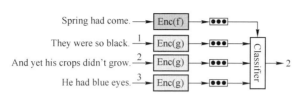

图 3-8　Quick-Thought Vector 模型结构

### 2. 有监督的句子表示学习

下面介绍几种典型的有监督句子表示学习方法：基于 CNN 的模型、基于 RNN 的模型和 Infer Sent 模型。

（1）基于 CNN 的模型

如图 3-9 所示，基于卷积神经网络的句子表示首先构建词典，并对其进行 One-hot 编码；然后，利用一个嵌入网络进行初始化，即对每个词产生一个 $d$ 维的随机向量。假设一个句子由 $m$ 个单词组成（包含填充 Pad），经查表操作后，产生一个 $m×d$ 的单词嵌入矩阵。卷积操作通常是二维的，是沿着词的方向进行的，也就是卷积核（Kernel）宽度为 $k$，高度为 $d$；接着，经过池化（Pooling）操作进行特征选择，降低特征数据维度，减少网络的参数数量；最终，得到的句子级表示为一个 $d$ 维的向量，其长度并不随输入句子长度的变化而变化。得到的句子表示往往作为句子级别的特征输入下游任务（如文本分类），其网络参数可以随下游任务进行微调（Fine-tune）。

（2）基于 RNN 的模型

如图 3-10 所示，在句子表示中，循环神经网络往往是双向的（Bidirectional），有助于利用输入序列的历史信息和未来信息。向前网络参数与向后网络参数不共享。无论是向前网络参数还是向后网络参数，每个网络的内部参数从头到尾都是共享的。RNN 仍然存在一些问题，其中较为严重的是容易出现梯度消失（Vanishing Gradient）或梯度爆炸（Exploding Gradient）的问题。为此，研究者提出了一些对 RNN 的改进。例如，长短期记忆算法（Long Short Term Memory，LSTM）通过门路的方式保留长时依赖中较为重要的信息；GRU 算法（Gated Recurrent Unit）简化了 LSTM 的网络结构，提高了 LSTM 的计算效率，成为一种非常流行的 RNN 神经网络。通常，拼接正向网络的输出和反向网络的输出作为最终句子的分布表示，并可以应用注意力机制（Attention）聚合各个词的隐状态向量形成句子的分布表示。

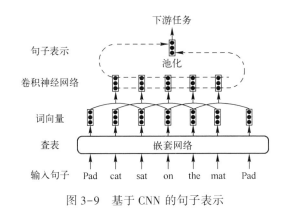

图 3-9　基于 CNN 的句子表示

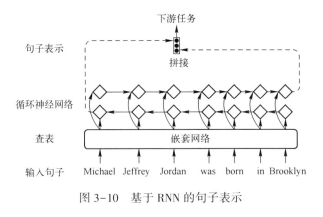

图 3-10　基于 RNN 的句子表示

（3）Infer Sent 模型

2017 年，Facebook 的研究者 Conneau 等人[41]提出了 Infer Sent 模型。该模

型依赖自然语言推理（Natural Language Inference，NLI）数据集来学习通用的句子表示。图 3-11 给出了通用的自然语言推理模型训练架构。图中，句子编码器（Sentence Encoder）采用 7 种不同的架构：①GRU 最后一个隐状态；②LSTM 最后一个隐状态；③前向 GRU 与反向 GRU 最后一个隐状态的拼接；④双向 LSTM 的均值池化；⑤双向 LSTM 的最大值池化；⑥基于双向 LSTM 的自注意力网络（Self-attentive Network）；⑦层次结构的卷积网络。得到句子向量 $u$ 和 $v$ 后，将其按不同的组合拼接成向量 $[u,v,|u-v|,u*v]$，并将其作为分类器的输入。在测试阶段，给定一个新的句子，可以用已训练好的句子编码器得到分布表示。

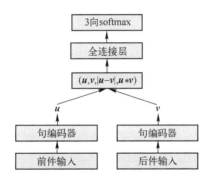

图 3-11　通用的自然语言推理模型训练架构

### 3.1.3　文档的分布表示

文档通常具有层次结构，即一篇文档由段落构成，段落由句子构成，句子由单词构成。因此，3.1.2 节介绍的方法也适用于篇章级的文档分布表示，例如将输入的单词向量换成段落向量，便可得到文档的分布表示[42]。总之，由于文档普遍较长，包含的信息也较多，特别是由非监督表示学习得到的文档向量，损失的信息也较多，因此对文档级别分布表示的研究及应用远不及单词与句子级别的分布表示。

## 3.2　文本表示学习的进阶模型

近来，在自然语言处理领域中，一些预训练语言模型在多项自然语言处理任务中都获得了不错的提升，受到了各界广泛的关注。下面介绍几个具有代表性的模型：ELMo、GPT 和 BERT。

### 3.2.1　ELMo

传统的词向量（如 Word2vec 和 GloVe）是上下文无关的，也就是在不同的语境中，每一个词都有相同的向量。这样的词向量无法对一词多义进行建模。针对这个问题，2018 年，AllenNLP 的 Peters 等人[43]提出了 ELMo 模型。该模型的核心思想是利用双向语言模型，根据当前输入得到上下文依赖的词表示（同一个词在不同的上下文中有不同的向量表示）。

简单地讲，语言模型（Language Model，LM）就是用来计算生成一个句子的概率的模型。例如，给定一个句子序列由 $N$ 个单词组成，即 $(t_1, t_2, \cdots, t_N)$，根据贝叶斯公式和链式分解，前向语言模型（Forward LM）可以表示为

$$p(t_1, t_2, \cdots, t_N) = \prod_{k=1}^{N} p(t_k \mid t_1, t_2, \cdots, t_{k-1}) \tag{3-9}$$

同理，反向语言模型（Backward LM）可以表示为

$$p(t_1, t_2, \cdots, t_N) = \prod_{k=1}^{N} p(t_k \mid t_{k+1}, t_{k+2}, \cdots, t_N) \tag{3-10}$$

图 3-12 给出了 ELMo[43]模型架构。该模型结合了 LSTM 和双向语言模型。ELMo 用一个正向的层叠 LSTM 编码输入序列的历史信息。在每一个时刻，正向网络用 LSTM 最后一层隐状态预测下一个单词，例如在 $t=2$ 时刻，正向网络预测单词 3。同时，ELMo 用一个反向的层叠 LSTM 编码输入序列的未来信息。在每一个时刻，反向网络用 LSTM 最后一层隐状态预测前一个单词，例如

在 $t=2$ 时刻，反向网络预测单词 1。因此，ELMo 的训练目标为

$$\mathcal{L} = \sum_{k=1}^{N} \left( \ln p(t_k \mid t_1, \cdots, t_{k-1}; \Theta_x, \overrightarrow{\Theta}_{\text{LSTM}}, \Theta_s) \right) +$$

$$\ln p(t_k \mid t_{k+1}, \cdots, t_N; \Theta_x, \overleftarrow{\Theta}_{\text{LSTM}}, \Theta_s) \tag{3-11}$$

式中，$\Theta_x$ 为词嵌入层参数；$\Theta_s$ 为 Softmax 层参数；$\overrightarrow{\Theta}_{\text{LSTM}}$ 和 $\overleftarrow{\Theta}_{\text{LSTM}}$ 为 LSTM 层参数。单词的最终上下文表征可由两种方法产生：①取正向与反向层叠 LSTM 的最后一层隐状态拼接；②加权求和正向与反向层叠 LSTM 的每一层隐状态。

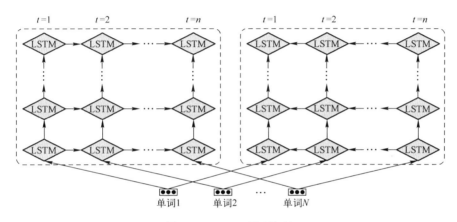

图 3-12　ELMo 模型架构

## 3.2.2　GPT

2018 年，OpenAI 的 Radford 等人[44]基于 Transformer 的解码器和单向语言模型提出了 GPT（Generative Pre-Training）[44]。在介绍 GPT 之前，先对 Transformer（模型结构如图 3-13 所示）进行简要介绍。

传统的卷积神经网络和循环神经网络是基于复杂的神经元计算的，不利于训练更深的网络。Transformer 是由 Google 的 Vaswani 等人[45]在论文 *Attention is All You Need* 中提出的。该模型完全依赖注意力机制（Attention），彻底抛弃了传统的神经网络单元。与传统基于神经元的网络相比，Transformer

主要有三个优点：更低的计算复杂度；更有利于高效的并行化；更好地解决长距离依赖问题。Transformer 一经提出，就在工业界和学术界引起了广泛的关注，并刷新了多个自然语言处理任务的性能指标。

在图 3-13 中，左边为编码器群，右边为解码器群。编码器群中的所有编码器在结构上都是相同的（论文中用 6 个级联，数字 6 没有什么特别之处，在实际应用中，往往根据训练数据量的多少和网络的大小确定最优的编码器个数）。编码器之间没有共享参数。每个编码器都有两个支层：第一个支层是一个多头自注意力机制（Multi-head Attention）；第二个支层是一个简单的全连接前馈网络。每个解码器在结构上也是相同的，包括三个支层：第一个支层为带掩模（Mask）的多头自注意力机制；第二个支层为编码解码多头注意

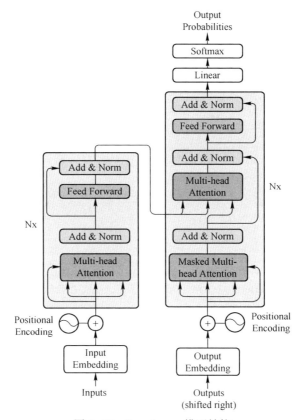

图 3-13  Transformer 模型结构

50

力机制；第三个支层是一个全连接前馈网络。掩模的使用是为了防止当前词解码对未来词解码产生依赖性。多头注意力机制的使用使 Transformer 增强了专注于不同位置的能力，同时也利于并行计算，大大缩短了训练时间。如今，许多性能卓越的 NLP 模型都是基于 Transformer 设计的。

图 3-14 给出了 GPT 模型架构。特别是 GPT 用 Transformer 抽取特征，并用单向语言模型作为训练任务进行无监督的预训练，给定文本序列 $s = u_1, \cdots, u_n$，目标函数为

$$\mathcal{L}(s) = \sum_i \ln P(u_i \mid u_{i-k}, \cdots, u_{i-1}; \Theta) \tag{3-12}$$

式中，$k$ 为上下文窗口大小；$\Theta$ 为模型参数；$P(u)$ 是由 Multi-Layer Transformer Decoder 得到的，可表示为

$$\boldsymbol{h}_0 = \boldsymbol{U} \boldsymbol{W}_e + \boldsymbol{W}_p \tag{3-13}$$

$$\boldsymbol{h}_l = \text{transformer\_block}(\boldsymbol{h}_{l-1}) \quad l \in [1, n] \tag{3-14}$$

$$P(\boldsymbol{u}) = \text{softmax}(\boldsymbol{h}_n \boldsymbol{W}_e^{\mathrm{T}}) \tag{3-15}$$

其中，$\boldsymbol{U} = (\boldsymbol{u}_{-k}, \cdots, \boldsymbol{u}_{-1})$ 为上下文词向量；$n$ 为 Transformer 的层数；$\boldsymbol{W}_e$ 为词向量矩阵；$\boldsymbol{W}_p$ 为位置嵌入矩阵（Position Embedding Matrix）。

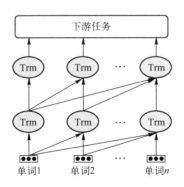

图 3-14　GPT 模型架构（Trm 代表 Transformer）

GPT 充分利用了 Transformer 多头自注意力模型机制的优点，相比嵌入词向量，能够学习到更丰富的语义语境信息，比传统的 RNN 网络（如 LSTM）

可以建模更长距离的相关信息，在语义理解和语言生成方面均取得了较好的结果。

### 3.2.3 BERT

2018 年，Google AI 的 Devlin 等人[46]结合 Transformer 的编码器和双向语言模型提出了 BERT 模型（Bidirectional Encoder Representations from Transformers）。其结构如图 3-15 所示。

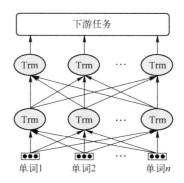

图 3-15　BERT 模型结构（Trm 代表 Transformer）

与 GPT 相比，BERT 模型有两个亮点。①在语言模型训练方面，BERT 模型并未采用传统的预测下一个单词或上一个单词作为目标任务，而是提出了两个新的任务作为训练目标。第一个任务是随机掩盖语料中 15% 的单词，并将掩盖位置输出的最终隐层向量送入 Softmax 来预测掩盖掉的单词。对于掩盖掉单词的特殊标记（如［MASK］），在下游 NLP 任务中不存在。BERT 模型采用下面的技巧来缓解，即 80% 的概率用［MASK］标记来替换；10% 的概率用随机采样的一个单词来替换；10% 的概率不进行替换。第二个任务是预测下一个句子，使 BERT 模型能够学习到句子之间的关系。②预训练时采用双向语言模型，在处理某一个单词时，双向模型能同时利用当前词的历史信息和未来信息。

BERT 模型具有强大的迁移能力，在下游具体 NLP 任务中所做的操作可转移到仅依赖预训练的词向量上来，因此，在获得 BERT 模型词向量后，最终只需在词向量上加简单的分类器便可实现广泛的 NLP 任务，例如实体识别、文本分类、语义蕴含、情感分析、问答匹配、文档摘要和阅读理解等。

## 3.3　文本表示与知识表示

前文已介绍了基于文本表示学习的基础模型与进阶模型。这些模型与知识图谱中关系三元组 $<arg_1$, relation, $arg_2>$ 的联系主要体现在如下几个方面。

① 辅助实体识别。当构建一个知识库时，其重要的步骤是抽取关系三元组，而抽取关系三元组的首要任务就是识别文本中的命名实体。以上文本表示模型有助于自动提取实体及实体上下文特征，能够极大地节省人工设计特征的成本。

② 构建实体表示及实体描述表示。三元组中的实体 $arg_1$ 和 $arg_2$ 及其在知识库中的文本描述都可用本章所述模型表示成稠密、实值、低维的词向量或文档向量。一方面，实体表示为知识表示提供了实体空间（Entity Space）；另一方面，实体表示及实体描述表示在实际中也有着重要的应用价值，例如增强现有的信息检索系统和知识问答系统等。

③ 辅助实体链接。通常从自由文本中抽取的命名实体是有歧义的，由本章所述模型得到的词或文档表示，更能捕捉到存在于文本内部的更深层的语义信息，进而有助于计算实体提及与候选实体的相似度。

④ 辅助实体关系抽取。实体与实体的关系往往蕴藏在语料中，本章所述模型可将语料中实体及实体上下文表示成向量。这将有助于抽取实体间的语义关系。实体关系的抽取有助于知识图谱的补全。

⑤ 构建文本与三元组融合的知识表示。本章所述模型可将非结构化的文本嵌入低维向量空间，当前流行的知识表示（如 TransE）将结构化的实体与

关系嵌入低维向量空间，结合这两方面将文本信息加入知识表示学习，可实现文本与知识库融合的表示学习。

## 3.4　本章小结

　　文本表示学习能够对文本进行高层次的抽象表达，并已成为现代自然语言处理模型中不可或缺的一部分。首先，本章介绍了文本表示学习的一些基础模型，根据文本粒度的不同，先介绍了一些单词的分布表示模型，包括单词级别的分布表示（谷歌的 Word2vec 和斯坦福大学的 GloVe）和字符级别的分布表示（基于 CNN 的模型、基于 RNN 的模型和 Facebook 的 fastText）；接着介绍了句子的分布表示模型（无监督：词袋模型、Recursive Autoencoder 模型、Paragraph Vector 模型、Skip-Thought Vector 模型、FastSent 模型和 Quick-Thought Vector 模型；有监督：基于 CNN 的模型、基于 RNN 的模型和 Infer Sent 模型）；再介绍了文档分布表示的一些通用方法。其次，近年来一些预训练语言模型不断涌现，将文本表示带入一个新的时代。本章介绍了一些文本表示学习的进阶模型，包括 AllenNLP 的 ELMo 模型、基于 Transformer 网络的 GPT 模型和 BERT 模型。最后，本章讨论了文本表示与知识图谱中知识表示的内在联系。

# 第 4 章

# 现代知识表示与学习

本章主要论述现代知识图谱表示学习的三个主要流派：几何嵌入方法、神经网络方法和结合文本的表示方法。几何嵌入方法重点介绍基于平移原则的方法、基于生成过程的方法和基于流形原则的方法。神经网络方法介绍基于度量学习的分支、基于简单神经架构的分支和基于复杂网络架构的分支。本章最后介绍知识图谱中如何利用实体描述信息来增强知识图谱表示学习的方法。

## 4.1 基于几何变换的知识图谱表示学习

词向量（Word2vec）为表示学习（Representation Learning）[33, 47]提供了全新的思路。在词向量模型中，词（Word）是由高维几何空间中的向量（Vector）来表示的。高维几何空间中的相对位置代表了这个点或词的语义（Semantics）。因此，利用高维几何空间进行表示学习可以视为表示学习的一个分支。

最基本的几何变换就是平移（Translation）[48]。学术界最初应用平移来设计知识图谱的表示学习。4.1.1 节将介绍基于平移原则的知识图谱表示学习。4.1.2 节将介绍基于混合几何变换的知识图谱表示学习。由于这两种表示学习把元素作为高维几何空间中的一个点，因此会带来一定的缺陷，例如在代数上是过定的（Ill-Posed），在几何上是奇异的（Singular）。为了解决这些缺陷，4.1.3 节将介绍基于流形（Manifold）原则的知识图谱表示学习，利用流形表示对应的实体或关系，提高知识图谱表示学习的能力。

## 4.1.1 基于平移原则的知识图谱表示学习

### 1. 平移原则与 TransE

基于几何变换的知识图谱表示学习的基本思想是把知识图谱中的实体和关系映射到高维几何空间中[49]。这种映射在数学上是同构的，也就是保持知识图谱在图结构和几何空间上意义的一致性。为更好地了解这种同构映射，不妨回看知识图谱表示学习的历史。

传统的表示学习主要以深度学习（Deep Learning）为基本框架[50]。例如，被表示的对象作为输入通过卷积神经网络（Convolution Neural Networks，CNN[51]）或循环神经网络（Recurrent Neural Networks，RNN[52]）得到一个向量，并作为对象的表示。这种表示学习框架学习的是网络参数。对于所有被表示的对象，网络参数都是相同的，规模是固定的。

而在知识图谱表示学习中，有多少实体和关系就对应有多少参数向量，参数的规模与模型的输入有关。这一差别决定了知识图谱表示学习和传统表示学习的不同。传统表示学习需要一个强有力的模型来提炼特征作为表示。这个模型需要复杂度高和规模大的参数才能提取出特征。在知识图谱表示学习中，参数的规模已然很庞大（Large Scale），如果模型进一步复杂，会产生严重的过拟合问题，泛化性能将变得不理想。

鉴于这种情况，希望以最简单、最基本的形式表达知识图谱图结构和几何空间的对应关系。形式化地讲，知识图谱表示学习模型对每一个实体都分配一个表示向量 $e$，且对每一个关系都分配一个表示向量 $r$。在知识图谱中，一条知识由一个三元组表示，即头实体、关系、尾实体，那么在表示学习模型中就有三个表示向量：头实体向量 $h$、关系向量 $r$ 和尾实体向量 $t$。在这种情况下，要设计相对应的最简单、最基本的几何变换不外乎就两种：$h + r - t = 0$

和 $h+r+t=0$，利用两个运算、连接三个符号，最简单、最基本的只有这两种非同构形式。此时，表示学习的模型应该选择其中较为合理的一个。考察实际知识图谱表示模型，在第一个公式的三元组里，头、尾实体是不可交换的（Non-Exchangeable），比如（中国，具有部分，北京）、（柏拉图，性别，男）这样的三元组，交换头、尾实体后所表达的是完全不同的语义。而在第二个公式里，头、尾实体对换，不影响结果，不符合实际三元组的情况。因此更合理的模型应该选择第一个公式，把第一个公式重新写一下，变为

$$h+r=t \tag{4-1}$$

式中，$h$、$r$、$t$ 分别代表头实体、关系和尾实体的表示向量。式（4-1）表示平移的几何意义：头实体向量通过关系向量，平移到尾实体向量。基于平移的知识图谱几何变换原则，利用几何平移关系，使实体向量表示与知识图谱的图结构同构。

模型的目标是使知识图谱中的每一个三元组在几何空间中都是平移关系，则可以求解优化目标，即

$$\min \mathcal{L} = \sum_{(h,r,t) \in T} \| h + r - t \| \tag{4-2}$$

式中，$T$ 是知识图谱中三元组的集合；$\|\cdot\|$ 为适当的向量范数（Vector Norm），比如向量二范数 $L_2$。求得这个目标最小化，可得到所有近似满足平移原则的知识表示。这种优化方程实际上很难解决问题，采用一个满足方程的最优解即可。也就是说，当所有的实体都是单位向量，所有的关系都是零向量时，优化确实获得了最优解。虽然这个最优解能够满足优化方程，但完全无法体现知识图谱结构。仅有正样本无法保证学习出知识图谱有效的结构，需引入对应的负样本，修改模型为

$$\mathcal{L} = \sum_{(h,r,t) \in T} \| h + r - t \| - \sum_{(h',r',t') \in T'} \| h' + r' - t' \| \tag{4-3}$$

57

式中，$T$ 是知识图谱中三元组的集合；$T'$ 是依据知识图谱中三元组生成的负样本（Negative Samples）；$\|\cdot\|$ 为适当的向量范数，比如二范数 $L_2$。

生成负样本最简单的方法是，对于每一个知识图谱中的三元组 $(\boldsymbol{h},\boldsymbol{r},\boldsymbol{t})$，随机抽取实体并替换掉其中的头实体或尾实体，生成新的三元组 $(\boldsymbol{h}',\boldsymbol{r},\boldsymbol{t})$ 或 $(\boldsymbol{h},\boldsymbol{r},\boldsymbol{t}')$。如果新生成的三元组不在知识图谱中，那么新生成的三元组即为负样本。

这种方法在实体很多时存在明显的缺陷。例如，三元组（中国，具有部分，北京）依据这种方法很可能会生成类似（中国，具有部分，柏拉图）这样的三元组。一般来说，模型对这种明显错误的三元组都能正确判别。如果在这种负样本上进行优化，那么对模型不能起到很好的监督作用。于是，负采样（Negative Sampling）可改进为从与头、尾实体在知识图谱中共现过的实体集合中来随机抽取实体生成负样本。这样，负样本中可大幅减少明显的错误，增强负例质量，提高知识表示模型对正、负三元组的鉴别能力。

具体来说，首先随机初始化所有实体和关系的向量表示，之后利用随机梯度下降法对目标函数进行优化求解，得到知识图谱中实体和关系的表示。这个方法被称为 TransE[53]。TransE 可以作为一种基本的知识图谱表示学习的框架，利用相应函数替代平移关系，得到框架的优化方程为

$$\mathcal{L} = \sum_{(\boldsymbol{h},\boldsymbol{r},\boldsymbol{t}) \in T} f_r(\boldsymbol{h},\boldsymbol{t}) - \sum_{(\boldsymbol{h}',\boldsymbol{r}',\boldsymbol{t}') \in T'} f_{r'}(\boldsymbol{h}',\boldsymbol{t}') \tag{4-4}$$

$$f_r(\boldsymbol{h},\boldsymbol{t}) = \|\boldsymbol{h}+\boldsymbol{r}-\boldsymbol{t}\| \tag{4-5}$$

式中，函数 $f_r(\boldsymbol{h},\boldsymbol{t})$ 被称为得分函数（Score Function）。实际上，在这个框架下只使用了 TransE 的得分函数，只要将其替换为其他相应的得分函数，就能获得相应的方法。

基于几何变换的知识图谱表示学习保持了知识图谱在图结构和几何空间上的一致性，在 TransE 的平移变换基础上，可以引入更为复杂的几何变换。

**2. 基于平面投影的方法**

基于几何变换的知识图谱表示学习，究其根本是要寻求知识图谱图结构和几何空间向量点分布的一致性，简单来说，就是几何空间中向量点的分布要能代表知识图谱的图结构。举一个说明 TransE 缺陷的例子，即将知识图谱中的所有人物分为两类，其中一类通过性别关系（Gender）向量移动到"男性"（Male）这个实体，另一类通过性别关系向量移动到"女性"（Female）这个实体，形式化写为

$$h + r_{\text{Gender}} = e_{\text{Male}} \tag{4-6}$$

$$h' + r_{\text{Gender}} = e_{\text{Female}} \tag{4-7}$$

$$h = e_{\text{Male}} - r_{\text{Gender}} \tag{4-8}$$

$$h' = e_{\text{Female}} - r_{\text{Gender}} \tag{4-9}$$

也就是说，所有男性人物实体的表示都是 $h = e_{\text{Male}} - r_{\text{Gender}}$，所有女性人物实体的表示都是 $h' = e_{\text{Female}} - r_{\text{Gender}}$。不同实体应具有不同的向量表示，如果所有的实体都是同一个向量表示，就无法区分不同实体的差异。所以，基于 TransE 平移模型不能很好地处理一对多（1-N）的关系。不仅如此，实际上，多对一（N-1）、多对多（N-N）的关系同样具有类似问题。这类关系在文献中被称为复杂关系（Complex Relationship）[54]。

为了解决这一问题，TransH[54] 把同一关系的所有三元组均平移投影到一个平面上，如图 4-1 所示，在这个平面上对三元组的平移原则表示为

$$f_r(h,t) = \| w_r^{\text{T}} h w_r + r - w_r^{\text{T}} t w_r \| \tag{4-10}$$

其中，$w_r$ 是平面的法向量；$h$、$r$、$t$ 代表头实体、关系和尾实体的表示向量。回到关于性别关系的例子，对于"男性"这个尾实体，如果所有的头实体，也就是所有的男性人物实体都位于垂直于平面的一条直线上，那么它们在平面上的投影就是唯一的。TransH 关注实体投影在平面上的投影点，只要复杂关系（一对多、多对一、多对多）可以做到让有冲突的

头实体或尾实体分布在垂直于平面的直线上，就可以缓解复杂关系问题。这一思想就是 TransH 得分函数设计的本质[55]。

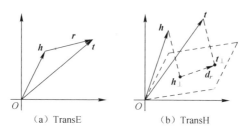

（a）TransE　　　　　　　（b）TransH

图 4-1　TransE[53] 和 TransH[54] 的几何示意图

### 3. 基于旋转矩阵的方法

复杂关系是 TransE 所面临的问题。利用平面投影的方法解决复杂关系只是一种思路。基本的几何变换有三种：平移、投影和旋转。本节将讨论旋转矩阵的知识图谱表示方法，即 TransR。

TransH[54] 使用的几何操作为投影，依据基本变换形式，可以使用旋转矩阵对实体表示进行变换，即 $e'=Me$。其中，$M$ 为变换矩阵；$e$ 为对应实体；$e'$ 为变换后的实体。其得分函数为

$$f_r(\boldsymbol{h},\boldsymbol{t}) = \| \boldsymbol{M}_r\boldsymbol{h} + \boldsymbol{r} - \boldsymbol{M}_r\boldsymbol{t} \| \tag{4-11}$$

其中，$\boldsymbol{h}$、$\boldsymbol{r}$、$\boldsymbol{t}$ 代表头实体、关系和尾实体的表示向量；$\boldsymbol{M}_r$ 表示变换矩阵。此方法被称为 TransR[56]。该方法的实验结果如图 4-2 所示。

| Tasks | Predicting Head（Hits@10） | | | | Predicting Tail（Hits@10） | | | |
|---|---|---|---|---|---|---|---|---|
| Relation Category | 1-to-1 | 1-to-$N$ | $N$-to-1 | $N$-to-$N$ | 1-to-1 | 1-to-$N$ | $N$-to-1 | $N$-to-$N$ |
| Unstructured（Bordes et al. 2012） | 34.5 | 2.5 | 6.1 | 6.6 | 34.3 | 4.2 | 1.9 | 6.6 |
| SE（Bordes et al. 2011） | 35.6 | 62.6 | 17.2 | 37.5 | 34.9 | 14.6 | 68.3 | 41.3 |
| SME（linear）（Bordes et al. 2012） | 35.1 | 53.7 | 19.0 | 40.3 | 32.7 | 14.9 | 61.6 | 43.3 |
| SME（bilinear）（Bordes et al. 2012） | 30.9 | 69.6 | 19.9 | 38.6 | 28.2 | 13.1 | 76.0 | 41.8 |
| TransE（Bordes et al. 2013） | 43.7 | 65.7 | 18.2 | 47.2 | 43.7 | 19.7 | 66.7 | 50.0 |
| TransH（unif）（Wang et al. 2014） | 66.7 | 81.7 | 30.2 | 57.4 | 63.7 | 30.1 | 83.2 | 60.8 |
| TransH（bern）（Wang et al. 2014） | 66.8 | 87.6 | 28.7 | 64.5 | 65.5 | 39.8 | 83.3 | 67.2 |
| TransR（unif） | 76.9 | 77.9 | **38.1** | 66.9 | 76.2 | 38.4 | 76.2 | 69.1 |
| TransR（bern） | 78.8 | **89.2** | 34.1 | 69.2 | 79.2 | 37.4 | **90.4** | 72.1 |

图 4-2　TransR[56] 实验结果

图 4-2 中，最左侧的一列为方法名称，包括已经介绍的 TransE[53]、Tran-sH[54] 和 TransR[56]；各列数值可以看作一种准确程度的度量，数值越高越好；第二列、第三列的第二行标明的是在哪种复杂关系上的准确率（1-to-1：一对一；1-to-$N$：一对多；$N$-to-1：多对一；$N$-to-$N$：多对多）。

## 4.1.2　基于混合几何变换的知识图谱表示学习

本节将在由浅入深地介绍高斯混合模型、狄利特雷过程和中国餐馆过程三部分的理论基础后，介绍基于中国餐馆过程的混合模型来进行知识表示的方法，即 TransG。

### 1. 高斯混合模型

实际数据往往由多于一个的模式（Pattern）支配，每个模式都可以生成样本。所以，数据从整体上说就如同多个模式的混合。高斯混合模型就是代表一个在大模式中存在子模式的概率模型。从机器学习的角度出发，高斯混合模型往往借助无监督（Unsupervised）、半监督（Semi-Supervised）和弱监督学习（Weak-Supervised）技术来实现[57]，一般采用与聚类（Clustering）[58]相关的算法。这种无监督的学习方法一方面使高斯混合模型适用面很广，另一方面效果并不总是尽如人意。注意，这里的模式也称成分（Component）。

高斯混合模型包括有限混合模型（Finite Mixture Models）和无限混合模型（Infinite Mixture Models）[59]。所谓有限混合模型，主要是指混合成分的数目固定，不随学习过程变化；无限混合模型是指混合成分的数目从数据中学习获得，并随着数据的变化而变化。

一般高斯混合模型由四元组形式表示：（观测数据，隐变量，混合系数，成分参数）。观测数据就是输入数据，由 $x_i$ 表示。观测数据的数目通常是固定的，记作 $N$。隐变量是每个观测数据属于哪个成分的概念，用 $z_i$ 表示，其数量等于输入数据的数量。混合系数是成分的权重，由 $[K]$ 表示，其个数与成分的个数相同，记作 $K$。成分参数是每一个混合成分对应的个体分布参数。其产生过程如下：首先从标准正态分布中采样每个成分的均值，再从逆伽马分布中采样每个成分的方差，从类别分布中采样每个成分的类属后，依据采样变量，采样每一个输入样本，即

$$\boldsymbol{\mu}_{k=1,\cdots,N} \sim \mathcal{N}(\boldsymbol{\mu}_0, \lambda\boldsymbol{\Sigma}_i) \tag{4-12}$$

$$\boldsymbol{\Sigma}_{k=1,\cdots,N}^{2} \sim \text{InverseGamma}(\nu, \sigma_0^2) \tag{4-13}$$

$$z_{i=1,\cdots,N} \sim \text{Categorial}(\boldsymbol{\phi}) \tag{4-14}$$

$$\boldsymbol{\phi} \sim \text{Uniform}(\beta) \tag{4-15}$$

$$\boldsymbol{x}_{i=1,\cdots,N} \sim \mathcal{N}(\boldsymbol{\mu}_{z_i}, \lambda\boldsymbol{\Sigma}_{z_i}^2) \tag{4-16}$$

式中，~表示依据分布采样；$\boldsymbol{\mu}_i$、$\boldsymbol{\Sigma}_i$ 表示第 $i$ 个高斯分布的均值和协方差矩阵；$\boldsymbol{x}$ 表示输入样本；$\mathcal{N}$ 表示正态分布；InverseGamme 表示逆伽马分布；Categorial 表示离散部分；$\nu$、$\sigma_0^2$、$\lambda$ 为对应分布的超参数。相应的概率分布为

$$P(\boldsymbol{x}_i \mid \theta) = \sum_{k=1}^{K} \phi_k \mathcal{N}(\boldsymbol{\mu}_k, \boldsymbol{\Sigma}_k^2) \tag{4-17}$$

利用期望最大化算法（Expectation Maximization）可以对上述模型中的参数 $\phi_k$、$\boldsymbol{\mu}_k$、$\boldsymbol{\Sigma}_k^2$ 进行求解，具体过程如下。

① 期望步骤：计算每一个样本 $\boldsymbol{x}_i$ 对第 $k$ 个成分的隐元分布 $\gamma_{i,k}$，即

$$\gamma_{i,k} = \frac{\mathcal{N}(\boldsymbol{x}_i - \boldsymbol{\mu}_k, \boldsymbol{\Sigma}_k^2)}{\sum\limits_{k=1}^{K} \phi_k \mathcal{N}(\boldsymbol{x}_i - \boldsymbol{\mu}_k, \boldsymbol{\Sigma}_k^2)} \tag{4-18}$$

② 最大化步骤：利用隐元分布更新模型参数，即

$$\boldsymbol{\mu}_k = \frac{\sum\limits_{i=1}^{N} \gamma_{i,k} \boldsymbol{x}_i}{\sum\limits_{k=1}^{L} \gamma_{i,k}} \tag{4-19}$$

$$\boldsymbol{\Sigma}_k^2 = \frac{\sum\limits_{i=1}^{N} \gamma_{i,k} (\boldsymbol{x}_i - \boldsymbol{\mu}_k)(\boldsymbol{x}_i - \boldsymbol{\mu}_k)^{\mathrm{T}}}{\sum\limits_{k=1}^{K} \gamma_{i,k}} \tag{4-20}$$

$$\phi_k = \frac{\sum_{i=1}^{N} \gamma_{i,k}}{\sum_{k=1}^{K} \gamma_{i,k}} \tag{4-21}$$

**2. 狄利特雷过程（Dirichlet Process）**

一般意义的随机过程是由整数集或实数集索引的，具有良序形式的马尔可夫性质。狄利特雷过程是由集合划分索引的，中国餐馆过程、折棒过程（StickBreaking）等都是狄利特雷过程的特例，主要应用在聚类过程中。该过程可以对类别先验（混合系数的分布）建模，并利用吉布斯采样求解。其采样概率为

$$P(c_i = k \mid c_{-i}, X) \propto P(X \mid c_i)\mathcal{P}(c_i = k \mid c_{-i}) \tag{4-22}$$

其中，$P(X \mid c_i)$ 为某一特定类别生成样本的分布；$P(c_i = k \mid c_{-i})$ 为类别先验信息。一个样本属于 $c^*$ 类，即

$$c^* = \operatorname{argmax}_{x_k} P(c_i = k \mid c_{-i}, X) \tag{4-23}$$

具体来说，假设观测值的生成过程为 $\boldsymbol{X}_1, \boldsymbol{X}_2, \cdots$，则可以通过以下算法采样得到。

① 从基分布 $\mathcal{H}$ 采样得到 $\boldsymbol{X}_1$。

② 对于 $n>1$，有

以 $\dfrac{\alpha}{\alpha+n-1}$ 的概率从 $\mathcal{H}$ 采样得到 $\boldsymbol{X}_n$。

以 $\dfrac{n_x}{\alpha+n-1}$ 的概率设定 $\boldsymbol{X}_n = \boldsymbol{x}$，其中 $n_x$ 是 $\boldsymbol{X}_n$ 所有观测值的计数。

其中，$\mathcal{H}$ 是狄利特雷过程的基分布；$\alpha$ 是相应狄利特雷过程的参数。在数学上，若给定可测量集合 $S$、基分布 $\mathcal{H}$ 和参数 $\alpha$，则狄利特雷过程 $\mathrm{DP}(\mathcal{H}, \alpha)$ 是一个由划分索引的随机过程，对于任意可测量集合 $S$ 的有限分割 $\{B_i\}_{i=1}^{n}$，若 $X \sim \mathrm{DP}(\mathcal{H}, \alpha)$，则

$$(X(B_1), X(B_2), \cdots, X(B_n)) \sim \text{Dir}(\alpha\mathcal{H}(B_1), \cdots, \alpha\mathcal{H}(B_n)) \quad (4\text{-}24)$$

式中，Dir 表示狄利特雷分布。

### 3. 中国餐馆过程

中国餐馆过程（Chinese Restaurant Process，CRP）是一个无限混合模型，主要用于自动分析聚类的数目。在数学上，若给定 $J$ 个样本 $\{\theta_j\}_{j=1}^{J}$，则依据中国餐馆过程，第 $(J+1)$ 个样本应该生成

$$\theta_{J+1} \sim \frac{1}{H(S) + J}\left(H + \sum_{j=1}^{J} \delta_{\theta_j}\right) \quad (4\text{-}25)$$

这个随机过程有一个很简单的解释：在一个中国餐馆中有非常多的桌子，能够提供足够多数量的菜品，顾客源源不断地进来。新来的顾客要么坐在被占用的桌子旁，其概率与已经坐在那里的顾客的数量成正比，要么以常数比例概率坐在空桌子旁。同一个桌子的顾客只能选择同一套菜品，而分配了新桌子的顾客可以随机分配新的菜品。其中，桌子就是成分，顾客就是数据，菜品就是每个成分的参数。

中国餐馆过程的产生式为

$$\theta \mid \alpha \sim \text{Dir}(\alpha/K, \alpha/K, \cdots, \alpha/K) \quad (4\text{-}26)$$

$$c_i \mid \theta \sim \text{Discrete}(\theta) \quad (4\text{-}27)$$

式中，Dir 表示狄利特雷分布；Discrete 表示离散分布。隐元 $c_i$ 的分布为

$$P([c]) = \frac{k!}{k_0!}\left(\frac{\alpha}{K}\right)^{k^+} \frac{\Gamma(\alpha)}{\Gamma(N+\alpha)} \prod_{k=1}^{k^+} \prod_{j=1}^{m_{k-1}}\left(j + \frac{\alpha}{K}\right) \quad (4\text{-}28)$$

式中，$[c]$ 为类别的划分；$k^+$ 为当前类别的个数。中国餐馆过程有类别先验概率

$$P(c_i = k \mid c_{-i}) = \begin{cases} \dfrac{m_k}{i-1+\alpha}, & k \leqslant k^+ \\[3mm] \dfrac{\alpha}{i-1+\alpha}, & k = k^+ + 1 \end{cases} \quad (4\text{-}29)$$

**4. 关系多语义问题与 TransG**

TransG 是主要针对关系多语义问题的知识表示模型。所谓关系多语义，指的是一个关系，在不同的头、尾实体对下，会表现出不同的含义[60]。由图 4-3 中 TransE 的可视化结果可以看出：在特定关系空间存在不同的聚簇；不同的聚簇可表示不同的语义。例如，"部分"（Has Part）关系至少有两种语义：

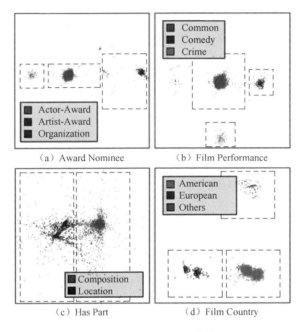

（a）Award Nominee　　　　（b）Film Performance

（c）Has Part　　　　（d）Film Country

图 4-3　TransE 的可视化结果

组成相关的语义，比如（桌子，部分，桌子腿）。

位置相关的语义，比如（大西洋，部分，纽约湾）。

进一步举例说明，在 Freebase 中，三元组（约翰·斯诺，出生地，临冬城）和（乔治·马丁，出生地，美国）都被分别映射到两种表示出生地的模式上：

/fictional/universe/fictional character/place of birth。

/people/person/place of birth。

这种现象的发生较为普遍，主要有两个原因：人工的简化和知识的本性。一方面，由于知识图谱建设者不能处理太多的类似关系，所以将多个相似的关系抽象为一个特定的关系，是一个常见的技巧。另一方面，语言和知识表示常常涉及模糊信息。知识的模糊性意味着语义混合。例如，当提到"专家"时，可能指的是科学家、商人或作家，因此"专家"的概念在特定情况下可能是模糊的，或者通常是语义混合的。

由于基于平移的模型($\boldsymbol{h}_r + \boldsymbol{r} \approx \boldsymbol{t}_r$)只为每个关系分配一个平移向量，所以这些模型不能处理关系多语义问题。为了能够更清楚地说明问题，请参考如图 4-4 所示。在传统模型中，关系"部分"（Has Part）只有唯一的表示，因为传统模型不能建模关系多语义，所以会产生很多错误。TransG[60]利用贝叶斯非参数无限混合模型处理关系多语义解决了这个问题，简单地说，就是为关系分配多个平移向量。所以，在这个表示模型中，一个关系可以有不同的表示形式，比如"部分1"（Has Part 1）和"部分2"（Has Part 2）。

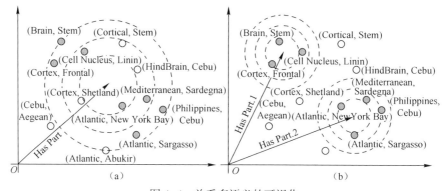

图 4-4　关系多语义的可视化

对于关系多语义问题，仅为一个关系分配单一的平移向量是不充分的。下面使用贝叶斯无限混合模型来分配多个平移向量，具体产生式过程如下。

（1）对于实体 $e \in E$

从标准正态分布中采样实体表示向量的均值为

$$\boldsymbol{\mu}_e \sim \mathcal{N}(0,1) \tag{4-30}$$

（2）对于三元组 $(\boldsymbol{h},\boldsymbol{r},\boldsymbol{t})\in\Delta$

从中国餐馆过程中为三元组采样一个语义成分，即

$$\pi_{r,m}\sim\mathrm{CRP}(\beta) \tag{4-31}$$

从头实体正态分布中采样头实体表示向量为

$$\boldsymbol{h}\sim\mathcal{N}(\boldsymbol{\mu}_h,\sigma_h^2) \tag{4-32}$$

从尾实体正态分布中采样尾实体表示向量为

$$\boldsymbol{t}\sim\mathcal{N}(\boldsymbol{\mu}_t,\sigma_t^2) \tag{4-33}$$

给语义成分 $\pi_{r,m}$ 采样对应的关系表示向量为

$$\boldsymbol{u}_{r,m}=\boldsymbol{t}-\boldsymbol{h}\sim\mathcal{N}(\boldsymbol{\mu}_t-\boldsymbol{\mu}_h,\sigma_h^2+\sigma_t^2) \tag{4-34}$$

在产生式过程中，$\boldsymbol{\mu}_h$ 和 $\boldsymbol{\mu}_t$ 分别指代头、尾实体表示分布的均值；$\sigma_h$ 和 $\sigma_t$ 分别指代头、尾实体表示分布的方差；$\boldsymbol{u}_{r,m}$ 是关系 $r$ 的第 $m$ 成分的平移向量。注意，中国餐馆过程是一种狄利特雷过程，可以自动学习关系语义成分的数目，依据产生式模型，可以得到三元组的概率作为得分函数，即

$$P(\boldsymbol{h},\boldsymbol{r},\boldsymbol{t})\propto\sum_{m=1}^{M_r}\pi_{r,m}P(\boldsymbol{u}_{r,m}\mid\boldsymbol{h},\boldsymbol{t})=\sum_{m=1}^{M_r}\pi_{r,m}\exp-\frac{\|\boldsymbol{\mu}_h+\boldsymbol{u}_{r,m}-\boldsymbol{\mu}_t\|_2^2}{\sigma_h^2+\sigma_t^2} \tag{4-35}$$

其中，$\pi_{r,m}$ 是表示语义成分的高斯混合因子，指示第 $m$ 个分量的权重；$M_r$ 是关系 $r$ 语义分量的数量，是从数据中自动学习的。具体到模型的意义，TransG 利用关系分量的混合来进行知识表示，每个成分均代表一种潜在的关系语义。通过这种方式，TransG 可以处理关系多语义问题。下面使用最大似然原则来训练模型。对于非参数部分，使用吉布斯采样（Gibbs Sampling）[57] 来求解 $r$、$m$ 的训练问题，具体来说，用式（4-36）进行新语义分量的采样，即

$$P(m_{r,\mathrm{new}})=\frac{\beta\exp-\dfrac{\|\boldsymbol{h}-\boldsymbol{t}\|_2^2}{\sigma_h^2+\sigma_t^2}}{\beta\exp-\dfrac{\|\boldsymbol{h}-\boldsymbol{t}\|_2^2}{\sigma_h^2+\sigma_t^2}+\mathcal{P}(\boldsymbol{h},\boldsymbol{r},\boldsymbol{t})} \tag{4-36}$$

其中，$P(\boldsymbol{h},\boldsymbol{r},\boldsymbol{t})$ 是后验概率，也是得分函数。

模型使用梯度下降（SGD）[61]进行优化学习，应用一个技巧（Trick）来控制训练参数过程，以防止过训练。对于那些可能性非常低的三元组，或者那些可能性过高的三元组，更新过程都会被跳过[53]，仿照 TransE 的条件设计如下。训练算法只有在满足以下条件时才会更新表示向量，即

$$\frac{P(\boldsymbol{h},\boldsymbol{r},\boldsymbol{t})}{P(\boldsymbol{h}',\boldsymbol{r}',\boldsymbol{t}')} = \frac{\sum\limits_{m=1}^{M_r} \pi_{r,m}\exp - \dfrac{\parallel \boldsymbol{\mu}_h + \boldsymbol{u}_{r,m} - \boldsymbol{\mu}_t \parallel_2^2}{\sigma_h^2 + \sigma_t^2}}{\sum\limits_{m=1}^{M_{r'}} \pi_{r',m}\exp - \dfrac{\parallel \boldsymbol{\mu}_{h'} + \boldsymbol{u}_{r',m} - \boldsymbol{\mu}_{t'} \parallel_2^2}{\sigma_{h'}^2 + \sigma_{t'}^2}} \leqslant \gamma \qquad (4\text{-}37)$$

其中，$(\boldsymbol{h},\boldsymbol{r},\boldsymbol{t}) \in \Delta$；$(\boldsymbol{h}',\boldsymbol{r}',\boldsymbol{t}') \in \Delta'$；$\gamma$ 用于控制更新条件。

在小常数意义下，TransG 的时间复杂度等价于 TransE，即 $O(\text{TransG}) = O[M \times O(\text{TransE})]$。其中，$M$ 是模型中语义分量的平均数量。必须指出，TransE 是基于平移方法中效率最高的方法，在 FB15K 数据集上的链接预测实验中，TransG 在 FB15K 上进行一次迭代所需的时间为 1.4s，TransR 所需的时间为 136.8s，PTransE 所需的时间为 1200.0s。

**5. TransG 的几何解释**

与前面的研究类似，TransG 也有几何解释。在先前的方法中，当给定三元组（$\boldsymbol{h},\boldsymbol{r},\boldsymbol{t}$）时，几何原则是固定的，即 $\boldsymbol{h}+\boldsymbol{t}\approx\boldsymbol{t}$，头实体经过关系向量平移到尾实体[53]。TransG 将这种几何原则概括为

$$\boldsymbol{m}_{h,r,t}^* = \arg \max_{m=1,\cdots,M_r} \pi_{r,m}\exp - \frac{\parallel \boldsymbol{\mu}_h + \boldsymbol{u}_{r,m} - \boldsymbol{\mu}_t \parallel_2^2}{\sigma_h^2 + \sigma_t^2} \qquad (4\text{-}38)$$

$$\boldsymbol{h} + \boldsymbol{u}_{r,m_{h,r,t}^*} \approx \boldsymbol{t} \qquad (4\text{-}39)$$

其中，$\boldsymbol{m}_{h,r,t}^*$ 是主分量的索引。虽然所有的分量都能支撑模型，但主分量的贡献最大。当给出一个三元组（$\boldsymbol{h},\boldsymbol{r},\boldsymbol{t}$）时，TransG 首先计算出主分量的索引，然后将头实体沿着对应主分量平移向量移动到尾实体。对于大多数三元组，应该只有一个具有较大非零值的分量，如

$$\pi_{r,m}\exp - \frac{\parallel \boldsymbol{\mu}_h + \boldsymbol{u}_{r,m} - \boldsymbol{\mu}_t \parallel_2^2}{\sigma_h^2 + \sigma_t^2} \qquad (4\text{-}40)$$

由于指数衰减，其他的分量将足够小。此属性可降低来自其他语义成分的干扰，更好地表征关系多语义。详细来说，同一个三元组在 TransG 中几乎只有一个平移向量，索引为 $m_{h,r,t}^*$。在条件 $m \neq m_{h,r,t}^*$，且

$$\exp-\frac{\| \boldsymbol{\mu}_h + \boldsymbol{u}_{r,m} - \boldsymbol{\mu}_t \|_2^2}{\sigma_h^2 + \sigma_t^2} \tag{4-41}$$

的误差非常大时，指数函数值将非常小。这就是主成分可以表示相应语义的原因。例如，如图 4-5 所示，关系"领域"（Domain）包含两个语义：具体软件和抽象系统。TransG 将实体"路由器"（Router）和实体"防火墙"（Firewall）分类为第一个语义类型，并使用第一个成分表示向量（领域 1，Domain-1），将头部实体"计算机科学"（Computer Science）平移到类似于"安全系统"（Security System）的尾部实体上。

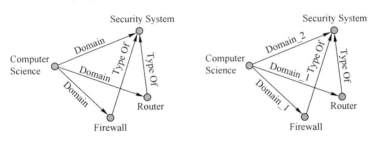

图 4-5  TransG 的几何解释

总之，与使用同一关系向量对所有三元组进行平移的模型不同，TransG 可根据三元组特定的语义自动选择最佳的平移向量。因此，TransG 可以更专注于特定的语义表示，避免来自其他不相关语义成分的大量噪声，比现有方法具有较大的优势。值得注意的是，TransG 中的所有成分都有自己的贡献，但主分量贡献最大。

## 4.1.3  基于流形原则的知识图谱表示学习

### 1. 平移原则的缺陷

知识图谱的事实通常由三元组 $(h, r, t)$ 表示。其中，$h$、$r$、$t$ 分别表示头

实体、关系和尾实体。知识图谱表示的目的是获得三元组的向量形式，即 $h$、$r$、$t$ 及一个明确定义的得分函数。作为数值知识表示方法的关键分支，基于平移的方法，如TransE[53]，可将三元组视为从头实体依据关系向量移动到尾实体的过程，即 $h+r≈t$。

虽然基于平移原则的知识表示模型取得了不错的实际效果，但其中存在"精确链接预测"（Precise Link Prediction）[269] 的问题没有很好地解决。所谓"精确链接预测"，即在给定一个实体和关系后找到确切的缺失实体。对于特定事实的查询，大多数现有方法只能提供可能包含正确答案的几个候选实体（Candidate Entity），没有机制来确保正确答案排在所有候选列表之前。这导致知识图谱的应用费时费力，并且效果有待提高。

一般来说，"精确链接预测"可提高知识应用的可行性、知识推理的有效性和许多知识相关任务的性能。以知识图谱完型（Knowledge Graph Completion）为例，当想知道乔治·马丁的出生地时，期望的是精确答案"美国"，而其他几个候选答案，诸如"自由女神""英国"没有任何实际意义。

前面介绍的方法在"精确链接预测"问题上的不足是由两个原因引起的：过定代数系统（Ill Posed Algebra System）和奇异几何形式（Singular Geometric Form）。

首先，从代数角度来看，每个三元组都可以看作一组平移方程[53,54,62]。其中，$h_r$ 和 $t_r$ 是头、尾实体向量在关系空间中的投影，并且 $r$ 是对应关系。基于平移原则把知识表示视为方程组的解，在这种知识表示方法中，方程的数量大于自由变量的数量，构成过定代数系统。更具体地说，$h_r+r=t_r$ 表示 $d$ 个形如 $h_{r,i}+r_i=t_{r,i}$ 的方程，$d$ 是知识表示的向量维数，$i$ 表示每个维度，因此，有 $Td$ 个方程，$T$ 是事实三元组的个数。变量的数量是 $d(E+R)$，其中 $E$、$R$ 分别是实体和关系的数量。如果三元组数目远大于实体和关系的数目和，那么变量的数量就远小于方程的数量。这就是过定的依据。在数学上，过定代数系统通常会使解不精确和不稳定[63]。接下来将要介绍的 ManifoldE 方法是通过用基于流形的原则 $\mathcal{M}(h,r,t)$[269] 来替换基于平移原则的。其中，$\mathcal{M}$ 是流形（Manifold）函数[64]。基于流形原则，模型可以通过采用

$$d \geqslant \frac{T}{E+R} \tag{4-42}$$

来创建非过定代数系统，即方程数 $T$ 不大于自由参数 $d(E+R)$。

其次，从几何角度来看，在现有方法中，标准事实的位置几乎是一个点，对知识表示来说都太严格，特别是针对多对多($N$-$N$)形式的复杂关系更为致命。例如，对于实体"美国革命"，存在许多三元组：（美国革命，部分，邦克山战役）（美国革命，部分，考彭斯战役）。当许多尾实体竞争同一个黄金位置（Golden Position）时，目标函数将会有很大的损失。已有工作，如 TransH[54] 和 TransR[62] 通过将实体和关系投影到某些关系特定的子空间来解决这个问题。因在每个子空间，标准位置依然是一个点，所以奇异（Singular）几何形式依旧存在。从图 4-6 中可以看出，基于平移几何原则引入了太多的噪声。相比之下，ManifoldE[269] 通过将标准三元组的位置从一个点扩展到一个流形（如高维球面）可缓解这个问题。这意味着 ManifoldE 减少了大量的误差，可以更好地区分真实事实和最可能的假知识，从而提高知识表示的精度。

**2. 流形原则**

将基于平移的原则 $h+r=t$ 替换为基于流形的原则 $\mathcal{M}(h,r,t) = D_r^2$。其中，$\mathcal{M}$ 是流形函数；$D_r$ 相当于流形的半径。对于一个特定的三元组 $(h,r,t)$，当给出头实体和关系时，尾实体放置在高维流形上。通过三元组远离流形距离来设计得分函数为

$$f_r(h,t) = \parallel \mathcal{M}(h,r,t) - D_r^2 \parallel_2^2 \tag{4-43}$$

式中，$D_r$ 是关系特定的流形参数；$\mathcal{M}(h,r,t) : \mathcal{R}^d \times \mathcal{R}^d \times \mathcal{R}^d \rightarrow \mathcal{R}$ 是流形函数；$\mathcal{R}^d$ 是实体和关系空间；$\mathcal{R}$ 是实数域。

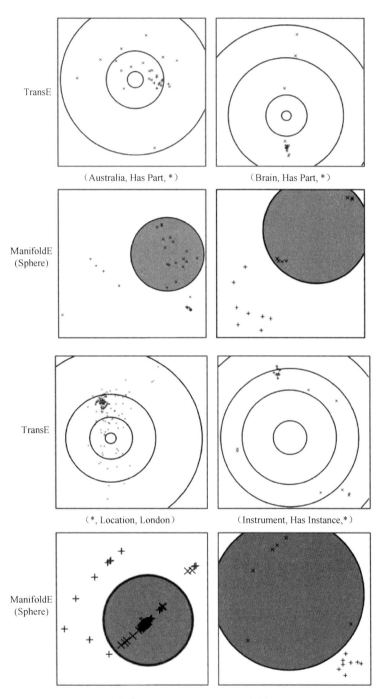

图 4-6  TransE[53] 和 ManifoldE （Sphere）[269] 的可视化比较

理论上，相对于 TransE[53] 的计算复杂度是由一个非常小的常数限定的，即

$$O\big[\lambda O(\text{TransE})\big]$$

式中，$\lambda \geqslant 1$。小常数 $\lambda$ 是由基于流形的操作和核函数（Kernel Function）[65]引起的。通常，TransE 是所有基于平移方法中最高效的；ManifoldE[269] 在效率上与 TransE 相当，因此比其他基于平移的方法更快。

**3. 基本流形方法**

**球体流形知识表示**：球体是一个非常典型的高维几何流形，用于特定事实的所有尾部（或头部）实体。例如$(\boldsymbol{h},\boldsymbol{r},*)$ 应该放置在高维球体中，其中，$\boldsymbol{h}+\boldsymbol{r}$ 是中心，$D_r$ 是半径，数学表示为

$$\mathcal{M}(\boldsymbol{h},\boldsymbol{r},\boldsymbol{t}) = \parallel \boldsymbol{h}+\boldsymbol{r}-\boldsymbol{t} \parallel_2^2 \tag{4-44}$$

显然，这是基于平移模型的直接扩展。如果 $D_r$ 坍缩到零，那么从几何角度来看，相当于基于平移的原则，即流形坍缩到一个点。

**希尔伯特空间知识表示**：再生核希尔伯特空间（RKHS）[66]通常提供一个更具表现力的方式来表示流形，从而启发模型应该利用核函数，将球体放置在希尔伯特空间（隐含的高维空间），即

$$\mathcal{M}(\boldsymbol{h},\boldsymbol{r},\boldsymbol{t}) = \parallel \phi(\boldsymbol{h})+\phi(\boldsymbol{r})-\phi(\boldsymbol{t}) \parallel_2^2$$
$$= K(\boldsymbol{h},\boldsymbol{h})+K(\boldsymbol{t},\boldsymbol{t})+K(\boldsymbol{r},\boldsymbol{r}) - 2K(\boldsymbol{h},\boldsymbol{t}) - 2K(\boldsymbol{r},\boldsymbol{t})+2K(\boldsymbol{h},\boldsymbol{r}) \tag{4-45}$$

式中，$\phi$ 是从原始空间到希尔伯特空间的映射；$K$ 是由 $\phi$ 诱导的核函数。通常，$K$ 可以是线性核 $K(\boldsymbol{a},\boldsymbol{b}) = \boldsymbol{a}^{\mathrm{T}}\boldsymbol{b}$、多项式核 $K(\boldsymbol{a},\boldsymbol{b}) = (\boldsymbol{a}^{\mathrm{T}}\boldsymbol{b}+d)^p$、高斯核 $K(\boldsymbol{a},\boldsymbol{b}) = \mathrm{e}^{\frac{(a-b)^2}{\sigma^2}}$ 等。显然，如果应用线性核，那么应坍缩到原始球形流形。

**平面知识表示**：从如图 4-7 所示中可以看到，当两个流形没有相交时，知识表示可能会有精度损失。两个球体仅在一些严格条件下才能相交。如果

两个超平面的法向量不平行，那么其一定相交。受这个事实的启发，应用超平面来增强模型为

$$\mathcal{M}(\boldsymbol{h},\boldsymbol{r},\boldsymbol{t}) = (\boldsymbol{h}+\boldsymbol{r}_{\text{head}})^{\text{T}}(\boldsymbol{t}+\boldsymbol{r}_{\text{tail}}) \qquad (4\text{-}46)$$

式中，$\boldsymbol{r}_{\text{head}}$ 和 $\boldsymbol{r}_{\text{tail}}$ 是两个特定的关系表示。

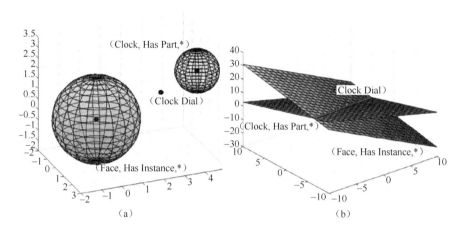

图 4-7　基于流形模型的表示可视化

从几何角度来看，若给定头实体和关系，则尾实体位于方向为 $\boldsymbol{h}+\boldsymbol{r}_{\text{head}}$ 的超平面上，并且偏置对应于 $D_r^2$。在实际情况下，由于两个向量 $\boldsymbol{e}_1+\boldsymbol{r}_{1,\text{head}}$ 和 $\boldsymbol{e}_2+\boldsymbol{r}_{2,\text{tail}}$ 不太可能是平行的，所以可以处理一些相交的三元组。两个超平面能更容易相交，也能更好地表示知识事实。因此，超平面的交集提供了更多的事实解。为了增加能精确预测尾实体的数量，应用绝对值算子为

$$\mathcal{M}(\boldsymbol{h},\boldsymbol{r},\boldsymbol{t}) = \left|\boldsymbol{h}+\boldsymbol{r}_{\text{head}}\right|^{\text{T}}\left|\boldsymbol{t}+\boldsymbol{e}_{\text{tail}}\right| \qquad (4\text{-}47)$$

举一个 $\left|\boldsymbol{h}+\boldsymbol{r}_{\text{head}}\right|^{\text{T}}\left|\boldsymbol{t}+\boldsymbol{r}_{\text{tail}}\right| = D_r^2$ 一维情况的实例，绝对值算子可以加倍尾实体 $\boldsymbol{t}$ 解的个数，换句话说，有两个尾实体而不是只有一个尾实体可以在这个关系下精确匹配到头实体。因此，绝对值算子将提高表示的灵活性。当然，还可以将核技巧应用于超平面设置，即

$$\mathcal{M}(\boldsymbol{h},\boldsymbol{r},\boldsymbol{t}) = K(\left|\boldsymbol{h}+\boldsymbol{r}_{\text{head}}\right|^{\text{T}}, \left|\boldsymbol{t}+\boldsymbol{r}_{\text{tail}}\right|) \qquad (4\text{-}48)$$

#### 4. ManifoldE 的代数解释

实际上，比自由变量更多的方程个数导致了过定状态，过定状态总是具有一些不良的特性，例如不稳定性[63]。这就是基于平移的原则在精确链接预测中表现不出色的原因。为了缓解这个问题，基于流形的方法可在一个几乎适定的代数框架中建模知识表示，因为基于流形的原则只用一个方程表示一个事实三元组。举球面的例子为

$$\sum_{i=1}^{d} \| \boldsymbol{h}_i + \boldsymbol{r}_i - \boldsymbol{t}_i \|_2^2 = D_r^2 \tag{4-49}$$

由此可以得出结论

$$d \geqslant \frac{方程数}{变元数} = \frac{T}{E+R} \tag{4-50}$$

式中，$T$ 为方程的个数；$E$ 为实体的个数；$R$ 为关系的个数。

ManifoldE 的知识表示系统是非过定的。也就是说，通过将知识表示维度放大到合适的程度能获得稳定的代数性质。这个条件很容易实现。理论上，更大的表示维度可提供更多的表示方程的解，使表示更加灵活。当满足适当条件时，稳定代数系统的解将能精确地刻画表示，能提供精确链接预测结果。

## 4.2 基于神经网络的知识图谱表示模型

神经网络[67]方法是最早的现代知识表示与学习方法，可利用神经网络的拟合能力拟合异常复杂的知识图谱。利用神经网络拟合图结构是有理论与实践基础的。在理论上主要是图挖掘[68]相关理论；在实践上主要是社交网络[69]相关的表示与学习。本节介绍从简单到复杂的神经网络知识表示学习方法，并进一步讨论神经网络与深度学习在知识图谱表示学习中的作用。

### 4.2.1 距离模型

距离模型（Distant Models）[49]是最早的基于神经网络的知识表示学习模型。其主要思想基于度量学习（Metric Learning）[70]。度量学习是一种浅层神经网络（Shallow Neural Network），通过网络参数（Parameters）可学习最适合度量元素的距离函数。在这一方法中，最为基本的方法[49]是不考察关系的距离模型。其得分函数为

$$f_r(\boldsymbol{h},\boldsymbol{t}) = \| \boldsymbol{h}-\boldsymbol{t} \|_{\text{L}} \tag{4-51}$$

其中，$\boldsymbol{h}$、$\boldsymbol{t}$ 为相应的头、尾实体表示向量。其理论意义是期望在同一三元组内的实体具有相同的表示。这个模型没有应用度量学习的原则，或者说没有一般度量学习的形式。通过考察度量学习的原则，有

$$f_r(\boldsymbol{h},\boldsymbol{t}) = \left| \boldsymbol{W}_{\text{head},r}\boldsymbol{h}-\boldsymbol{W}_{\text{tail},r}\boldsymbol{t} \right|_{\text{L}} \tag{4-52}$$

其中，$\boldsymbol{W}_{\text{head},r}$、$\boldsymbol{W}_{\text{tail},r}$分别为头实体关系相关的度量矩阵、尾实体关系相关的度量矩阵。通过这两个度量矩阵测量头、尾实体的距离，可得到相应原则的得分函数[49]。在上述模型中，距离度量仅限于一阶信息，不能考察实体与实体之间的关系，因此可以尝试引入二阶信息，从而能够刻画实体与实体之间的互相关（Correlation）[71]，即

$$f_r(\boldsymbol{h},\boldsymbol{t}) = \boldsymbol{h}\boldsymbol{W}_r\boldsymbol{t} \tag{4-53}$$

其中，$\boldsymbol{W}_r$为关系相关的互相关度量矩阵。这个模型被称为双线性模型，也被称为 RESCAL 模型[71]。

### 4.2.2 简单网络模型

TATEC[72]是一种扩展的双线性模型。在前面的章节中，双线性模型只是利用度量矩阵对头、尾实体进行度量学习。双线性模型有三点不足：其一，度量矩阵引入一个巨大的矩阵作为参数，增加了模型的复杂度，容易导致过

拟合；其二，没有关注头、尾实体与关系表示的关系，对关系刻画弱化，会造成性能缺陷；其三，虽然度量矩阵是关系相关的，头、尾实体的度量是依据关系进行的，但是依然存在不依赖关系的全局性度量，可以用来平滑因数据缺乏而导致的过拟合，提高系统的性能。

改进的 TATEC 方法[72]综合了关系度量的因素，得分函数为

$$f_r(\boldsymbol{h},\boldsymbol{t}) = \boldsymbol{h}^{\mathrm{T}}\boldsymbol{M}_r\boldsymbol{t}+\boldsymbol{h}^{\mathrm{T}}\boldsymbol{r}+\boldsymbol{r}^{\mathrm{T}}\boldsymbol{t}+\boldsymbol{h}^{\mathrm{T}}\boldsymbol{D}\boldsymbol{t} \tag{4-54}$$

式中，$\boldsymbol{h}^{\mathrm{T}}\boldsymbol{M}_r\boldsymbol{t}$ 是基于 RESCAL 的基础；$\boldsymbol{h}^{\mathrm{T}}\boldsymbol{r}+\boldsymbol{r}^{\mathrm{T}}\boldsymbol{t}$ 建模实体与关系的互相关，之所以不使用度量矩阵，是因为 TATEC 避免了增加模型的复杂程度；$\boldsymbol{h}^{\mathrm{T}}\boldsymbol{D}\boldsymbol{t}$ 中的 $\boldsymbol{D}$ 是对角矩阵，与关系无关。之所以这样设计，是为了满足提取关系无关的全局头、尾实体的相关信息，以及约减模型的复杂度，提高泛化能力，避免过拟合的风险。

TATEC 模型也有缺陷：参数规模过于巨大；对知识表示和学习的过拟合风险太高。考虑到建模的核心目的为度量头、尾实体的互相关和度量实体与关系的互相关，可简化模型为 DistMult 模型[73]。其得分函数为

$$f_r(\boldsymbol{h},\boldsymbol{t}) = \boldsymbol{h}^{\mathrm{T}}\mathrm{diag}(\boldsymbol{r})\boldsymbol{t} = \sum_{i=0}^{d-1} [\boldsymbol{h}]_i [\boldsymbol{r}]_i [\boldsymbol{t}]_i \tag{4-55}$$

由式（4-55）可知，DistMult 模型不再使用关系相关的度量矩阵，而是直接使用关系向量作为对角矩阵进行设计。这样，一方面还是利用矩阵度量头、尾实体的互相关，另一方面确实考虑了关系和实体的互相关。从某种意义上说，这个模型的复杂度几乎是最低的。

DistMult 模型也有缺陷，其得分函数只考虑头、尾实体沿着相同维度（方向）的互相关，忽略了向量空间高阶特性和整体结构，单纯地把问题分解到每个坐标轴的角度来思考，无疑降低了模型的表达能力，如存在

$$\boldsymbol{h}^{\mathrm{T}}\mathrm{diag}(\boldsymbol{r})\boldsymbol{t} = \boldsymbol{t}^{\mathrm{T}}\mathrm{diag}(\boldsymbol{r})\boldsymbol{h} \tag{4-56}$$

也就是说，这个模型只能考察对称关系，比如朋友关系；对于一般关系，比如从

属关系,是近乎无效的。显然,极大地简化模型后,缺陷明显。

仔细思考 DistMult 就会发现,其优点是简单、模型复杂度低、泛化性能好;缺点是无法考察高维空间的向量结构,只能针对对称关系。这两个主要缺点是因为 DistMult 使用了向量的按位乘法。如果将按位乘法替换为其他运算,或许可以解决这个问题。在这种思考下,HolE[74]模型引入向量卷积(Convolution)的概念,用来替代向量按位乘法(Element-Wise Multiplication),即

$$[\boldsymbol{h} * \boldsymbol{t}]_i = \sum_{k=0}^{d-1} [\boldsymbol{h}]_k [\boldsymbol{t}]_{(k+i)\%d} \tag{4-57}$$

$$\boldsymbol{h} * \boldsymbol{t} = ([\boldsymbol{h} * \boldsymbol{t}]_1, [\boldsymbol{h} * \boldsymbol{t}]_2, \cdots, [\boldsymbol{h} * \boldsymbol{t}]_d) \tag{4-58}$$

式中,%是取模运算;$d$ 是向量的维度。两个向量的卷积仍然是同样长度的另一个向量。这个新的向量的每一项均由式(4-58)计算。基于向量卷积操作,HolE[75]引入的得分函数为

$$f_r(\boldsymbol{h}, \boldsymbol{t}) = \boldsymbol{r}^{\mathrm{T}}(\boldsymbol{h} * \boldsymbol{t}) = \sum_{i=0}^{d-1} [\boldsymbol{r}]_i \sum_{k=0}^{d-1} [\boldsymbol{h}]_k [\boldsymbol{t}]_{(k+i)\%d} \tag{4-59}$$

注意,在 HolE 方法中,$\boldsymbol{h} * \boldsymbol{t} \neq \boldsymbol{t} * \boldsymbol{h}$,也就是说,可以建模普遍的非对称关系,并在卷积操作中,头、尾实体的任意两个维度都有互相关,解决了 DistMult 的相关问题。

## 4.2.3　复杂网络模型

最基本的复杂网络模型是 SME[75]。SME 利用浅层神经架构来拟合知识图谱的语义。给定一个三元组($\boldsymbol{h}, \boldsymbol{r}, \boldsymbol{t}$),SME 首先将实体和关系投影到向量空间作为输入层,然后结合关系和头实体得到头实体相关表示 $\boldsymbol{g}_\mu(\boldsymbol{h}, \boldsymbol{r})$,结合关系和尾实体得到尾实体相关表示 $\boldsymbol{g}_\nu(\boldsymbol{t}, \boldsymbol{r})$,最后得分函数由这两个表示的内积获得,即

$$f_r(\boldsymbol{h}, \boldsymbol{t}) = \boldsymbol{g}_\mu(\boldsymbol{h}, \boldsymbol{r})^{\mathrm{T}} \boldsymbol{g}_\nu(\boldsymbol{t}, \boldsymbol{r}) \tag{4-60}$$

$$g_\mu(\boldsymbol{h},\boldsymbol{r}) = \boldsymbol{M}_\mu^1\boldsymbol{h} + \boldsymbol{M}_\mu^2\boldsymbol{r} + \boldsymbol{b}_\mu \tag{4-61}$$

$$g_\nu(\boldsymbol{t},\boldsymbol{r}) = \boldsymbol{M}_\nu^1\boldsymbol{t} + \boldsymbol{M}_\nu^2\boldsymbol{r} + \boldsymbol{b}_\nu \tag{4-62}$$

式中，$\boldsymbol{M}_\mu^1$、$\boldsymbol{M}_\mu^2$、$\boldsymbol{M}_\nu^1$、$\boldsymbol{M}_\nu^2 \in \mathcal{R}^{d\times d}$ 和 $\boldsymbol{b}_\mu$、$\boldsymbol{b}_\nu \in \mathcal{R}^d$ 都是神经网络模型参数。这些参数针对所有的实体和关系都是一种全局模型，可提取全局信息；$d$ 是网络的维度，是一个超参数。SME 使用加法处理实体和关系不能很好地刻画互相关，所以被称为线性 SME 模型（Linear SME Model）[75]。如果使用向量按位乘法，那么就能比较好地刻画实体和关系的联系。这就是 SME 双线性模型（SME Bilinear Model）[75]，即

$$f_r(\boldsymbol{h},\boldsymbol{t}) = g_\mu(\boldsymbol{h},\boldsymbol{r})^{\mathrm{T}}g_\nu(\boldsymbol{t},\boldsymbol{r}) \tag{4-63}$$

$$g_\mu(\boldsymbol{h},\boldsymbol{r}) = \boldsymbol{M}_\mu^1\boldsymbol{h} \otimes \boldsymbol{M}_\mu^2\boldsymbol{r} + \boldsymbol{b}_\mu \tag{4-64}$$

$$g_\nu(\boldsymbol{t},\boldsymbol{r}) = \boldsymbol{M}_\nu^1\boldsymbol{t} \otimes \boldsymbol{M}_\nu^2\boldsymbol{r} + \boldsymbol{b}_\nu \tag{4-65}$$

式中，$\otimes$ 表示向量按位乘法。

SME 采用浅层神经网络架构。其主要思想是利用关系矩阵度量头、尾实体的互相关，那么是否可以把这种结构引入神经网络呢？要引入这种结构，就必须弄清一点，即这种度量的结果不能是一个标量，必须是一个向量，否则，信息损失太大。因此，这种度量不应该是基于矩阵和向量的，而是应该基于张量和向量的。这也就是神经张量模型（NTN）[50]。其得分函数为

$$f_r(\boldsymbol{h},\boldsymbol{t}) = \boldsymbol{r}^{\mathrm{T}}\tanh(\boldsymbol{h}^{\mathrm{T}}\boldsymbol{M}_r\boldsymbol{t} + \boldsymbol{M}_r^1\boldsymbol{h} + \boldsymbol{M}_r^2\boldsymbol{t} + \boldsymbol{b}_r) \tag{4-66}$$

式中，$\boldsymbol{M}_r^1$、$\boldsymbol{M}_r^2 \in \mathcal{R}^{k\times d}$ 和 $\boldsymbol{b}_r \in \mathcal{R}^k$ 分别是针对关系设计的权值矩阵和偏置向量；$\boldsymbol{M}_r \in \mathcal{R}^{d\times d\times k}$ 为张量；$\boldsymbol{h}^{\mathrm{T}}\boldsymbol{M}_r\boldsymbol{t}$ 的结果是一个向量，其第 $i$ 维度是 $\boldsymbol{h}^{\mathrm{T}}\boldsymbol{M}_r^{[:,:,i]}\boldsymbol{t}$；$d$ 是网络的维度，是一个超参数。神经张量模型是当前最有表达能力的模型，庞大的参数规模使其泛化性受到质疑，特别是在大规模知识图谱上的效率问题，同样令人担忧。

为了简化神经张量模型，单纯使用一层线性层来处理问题可得到 MLP 模

型[76]。其得分函数为

$$f_r(\boldsymbol{h},\boldsymbol{t}) = \boldsymbol{w}^{\mathrm{T}}\tanh(\boldsymbol{M}^1\boldsymbol{h}+\boldsymbol{M}^2\boldsymbol{r}+\boldsymbol{M}^3\boldsymbol{r}) \qquad (4\text{-}67)$$

式中，$\boldsymbol{M}^1$、$\boldsymbol{M}^2$、$\boldsymbol{M}^3 \in \mathcal{R}^{d\times d}$ 和 $\boldsymbol{w} \in \mathcal{R}^d$ 是所有关系共享的参数；$d$ 是相应的维度。由于之前介绍的模型都是浅层模型，因此在深度学习的大背景下，神经联合模型（NAM）[77]将是一种深度语义拟合结构。首先，把头实体和关系向量拼接为 $\boldsymbol{z}=[\boldsymbol{h};\boldsymbol{r}] \in \mathcal{R}^{2d}$；然后，将这个向量作为输入向量，由深度多层感知器处理，得到最终的表达 $\boldsymbol{z}^L$；最后，得分函数为

$$f_r(\boldsymbol{h},\boldsymbol{t}) = \boldsymbol{t}^{\mathrm{T}}\boldsymbol{z}^L \qquad (4\text{-}68)$$

# 4.3　结合文本的知识图谱表示方法 SSP

## 4.3.1　研究背景

知识图谱为自然语言任务提供了有效的资源平台，比如支持问答系统、增强检索引擎和提供语义分析。为了进一步完成知识的数值计算框架，知识表示将知识图谱中的实体和关系投影到连续的向量空间。更具体地说，知识图谱中的事实通常为符号三元组，知识表示方法试图用向量表示这些符号。

如图 4-8 所示，在知识图谱中，诸如 $\boldsymbol{h}$、$\boldsymbol{t}$ 的实体具有文本描述，包含关于知识三元组的许多语义补充信息。那么为什么文本描述信息可以增强这个任务呢？答案有两点：发现语义相关性和提供精确的语义表达。

首先，实体文本描述的语义相关性能够识别真正的三元组，特别是针对那些难以仅用事实三元组来推断的情况。例如，三元组（安娜·罗斯福，父母，弗拉克琳·罗斯福）表示弗拉克琳·罗斯福和安娜·罗斯福之间具有"父母"的关系，很难从其他符号三元组中推断出这个事实。相反，头实体的文本描述存在许多关键字，例如"罗斯福"和"总统的女儿"，可以很容易

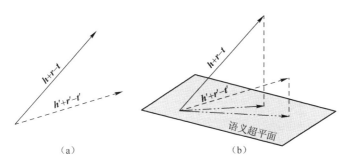

图 4-8 TransE[53] 和 SSP[78] 的图示说明（$h+r-t$ 是损失向量）

推断出事实三元组。具体来说，可以通过将损失投影到表示实体语义相关的超平面上来测量三元组的可能性，只要在超平面上投影损失向量的二范数足够小，就可以接受该事实三元组。

其次，精确的语义表达可以增进两个三元组之间的辨别能力。例如，当查询丹尼尔·塞罗根的职业时，有两种可能的候选：政客和律师。只关注符号三元组很难区分正确答案。丹尼尔·塞罗根的文本描述充满了与政治相关的关键词，例如民主党、州立法院等，甚至还有政治家。文本描述有助于以更精确的方式将概念从社会名人细化到政府官员，使正确的答案很容易被判别出来。从数学上来说，即使两个事实的损失向量几乎是等长的，在分别投影到政客和律师语义相关的超平面上之后，损失也会不同，从而被合理地区分。这样，精确的语义表达优化了知识表示。

尽管之前的方法取得了很大的成功，但是仍然有一个问题需要解决，那就是弱互相关建模的问题。当前的模型几乎不能刻画文本和三元组之间的强互相关。在 DKRL[79] 中，对于某个三元组，将头实体的表示向量尽可能平移为尾实体的表示向量，并将文本和实体的表示向量拼接为最终的表示向量。在"联合"模型中，试图约束相应实体和文本的表示向量相等。DKRL 和"联合"模型都应用一阶约束，在捕获文本和三元组的相关性方面很弱。值得注意的是，文本描述必须与三元组相交互，语义效应才能产生作用。实际上，高阶约束的强相关性将使文本和三元组相互作用，以比简单约束更加语义特定的方式进行相互补充。因此，可以通过"联合"模型考虑三元组和文本信息，得到更精确的答案。具体来说，通过将三元组表示投影到诸如超平面的语义子空间来加强语义交互，如图 4-9 所示。

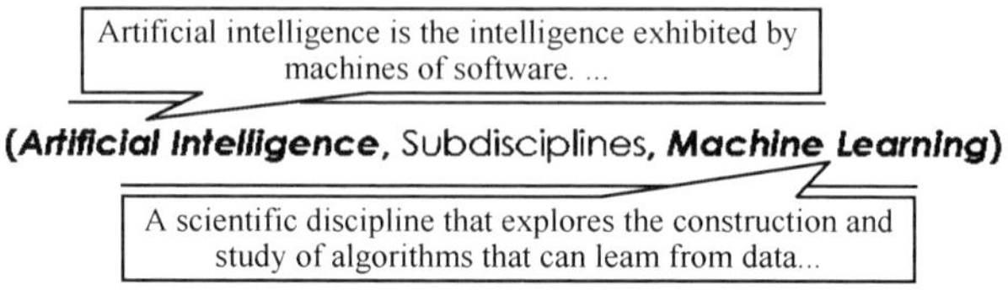

> Artificial intelligence is the intelligence exhibited by machines of software. ...

**(*Artificial Intelligence*, Subdisciplines, *Machine Learning*)**

> A scientific discipline that explores the construction and study of algorithms that can leam from data...

图 4-9 事实三元组中实体的文本描述

此外，DKRL 以特征的方式联合文本信息，通过描述编码的文本向量扩展三元组的表示特征。具体来说，TransE 通过关系 $r$ 将 $h$ 转换为 $t$，而 DKRL 利用 $r$ 把 $(h, h_d)$ 变换到 $(t, t_d)$。其中，$h_d$、$t_d$ 是文本的编码向量。为了更好地交互文本和三元组，先前的分析表明，文本语义应该不仅仅是扩展特征，还可改变模型的结构部分。因此，利用文本语义构成语义超平面可作为模型的一部分。将这种文本集成方法称为模型针对性方法，可使文本语义作为模型结构的一部分而不是特征的一部分。

知识表示的语义子空间投影通过在语义子空间中进行表示来对符号三元组和文本描述之间的强相关性进行建模。文本集成方法是特定于模型的，而不是相仿于特征的。

## 4.3.2　模型描述

### 1. 得分函数

由研究背景的相关分析可知，本节应建模三元组和文本之间的强相关性。为了在符号三元组和文本描述之间进行交互，本节试图限制语义子空间中特定三元组的表示过程。具体来说，利用具有法向量 $s = S(s_h, s_t)$ 的超平面作为子空间来约束知识表示。其中，$S$ 是语义组成函数；$(s_h, s_t)$ 是头部特定和尾部特定的语义向量。基于平移方法的得分函数为

$$\|h+r-t\|_2^2 \tag{4-69}$$

这意味着三元组表示更关注损失向量 $e \doteq h+r-t$ 的性质。根据动机，假设误差 $e$ 是长度固定的，那么目标是最大化超平面内的误差投影，即

$$\|e-s^{\mathrm{T}}es\|_2^2 \tag{4-70}$$

式中，$s$ 是语义超平面的法向量。详细地说，法向量方向上的损失分量是 $s^{\mathrm{T}}es$，在超平面上的另一个正交分量是 $e-s^{\mathrm{T}}es$。损失向量的范数也应该受到约束。为此，引入一个因子 $\lambda$ 来平衡这两个部分，即

$$f_r(h,t) = -\lambda\|e-s^{\mathrm{T}}es\|_2^2 + \|e\|_2^2 \tag{4-71}$$

式中，$\lambda$ 是一个超参数。从原则上说，较小的投影意味着三元组的可信度更高。值得注意的是，得分函数中的投影部分是负数，值越小，损失越少。

**2. 语义向量生成**

至少有两类方法可以用于生成语义向量：主题模型，如 LSA、LDA、NMF[57]；词表示方法，如 CBOW、Skip-Gram[80]。主题模型通过产生过程分析文章和词在主题上的分布；词表示方法用拟合的方式拟合大量无监督的文本。本节采用主题模型，将每个实体描述为文档，然后获得文档的主题分布并作为实体的语义向量。实体通常由知识图谱中的主题组织，例如"实体类型"在 Freebase 中用于对实体进行分类。

若给定预训练的语义向量，则模型会在训练过程中更新相关参数。将这种设置称为"标准设置"（STD.）。不需要学习所有参数，训练过程将会重新填充语义向量并冲刷掉已有的语义。为了联合语义学习和表示学习，可以同时进行主题模型和表示模型的联合学习。这样，符号三元组也会对文本语义产生积极的影响，称这种设置为"联合设置"（Joint）。

由于语义向量的每个组成成分都与特定主题相关，因此建议语义组合应该采用加法形式，即

$$S(s_h, s_t) = \frac{s_h + s_t}{\|s_h + s_t\|_2^2} \tag{4-72}$$

其中，$s_h$、$s_t$ 为头、尾实体的语义平面法向量，采用归一化方法计算。由于最大的成分表示相应的主题，因此加法运算符对应主题的并集，使语义组合用于表示整体语义。例如，当 $s_h = (0.1, 0.9, 0.0)$ 和 $s_t = (0.8, 0.0, 0.2)$ 时，头实体的主题是#2，尾实体的主题是#1，语义向量组合 $s = (0.45, 0.45, 0.10)$，对应于主题#1、#2，符合直觉。目标函数包括两个部分：知识相关和主题相关。为了平衡这两个部分，引入超参数 $\mu$。总体来说，总损失为

$$\mathcal{L} = \mathcal{L}_{embed} + \mu \mathcal{L}_{topic} \tag{4-73}$$

其中，$\mathcal{L}_{embed}$ 是知识表示的损失；$\mathcal{L}_{topic}$ 是话题模型的损失。值得注意的是，在标准设置中只有第一部分，$\mu = 0$。通过在神经网络中使用的类似方法来初始化表示向量，并且用非负矩阵因子分解（NMF）预计算主题模型，在优化中采用随机梯度下降算法（SGD）求解整体目标。

对于与主题相关的目标，利用 NMF 主题模型，既简单又有效。

$$\mathcal{L}_{topic} = \sum_{e \in E, w \in D_e} (C_{e,w} - s_e^T w)^2 \tag{4-74}$$

其中，$E$ 是实体集合；$e \in E$ 表示单个实体；$D_e$ 是实体 $e$ 的描述中的单词集合；$C_{e,w}$ 是实体 $e$ 的描述中出现单词 $w$ 的次数；$s_e$ 是实体 $e$ 的语义向量；$w$ 是单词 $w$ 的主题分布。类似地，在优化中应用随机梯度下降（SGD）进行求解。在理论上，计算复杂度与 TransE 相当，即 $O[\nu O(TransE)]$，小常数 $\nu$ 是由投影操作和主题计算引起的。实际上，TransE 在链接预测中的一轮计算时间为 0.28s，在同一设置中的模型运行时间为 0.36s。

**3. 互相关解释**

具体来说，SSP 模型试图将损失 $h'-t$ 投影到超平面上。其中，$h' = h+r$ 是平移后的头实体。从数学上来讲，如果一条线位于超平面上，那么这条线的所有点都在这个超平面上。相应地，损失位于超平面上，意味着头部和尾部

实体也位于超平面上，并作为开始和结束的端点。因此，SSP 模型具有一个重要的限制，即共同出现在三元组中的实体应表示在相关联的由文本语义组成的语义空间中。这种限制由二次形式实现，以描绘文本和三元组之间的强相关性。文本描述和符号三元组之间的强相互作用保证了文本语义对于知识表示的正向效果，即知识表示在训练过程中不仅由三元组决定，而且由文本语义决定。相比之下，到目前为止的一阶约束都很难得到强相互作用，使文本语义的使用不尽如人意。

**4. 语义解释**

文本描述有两种语义效应：发现语义相关性和提供精确的语义表达。此模型表示建模了语义超平面的强相关性，可以利用两种语义效应的优点。

首先，根据相关性视角，语义相关的实体大致位于一致的超平面上。因此，它们之间的损失向量 $h-t$ 也在超平面周围。基于这种几何洞察，当头实体匹配错误的尾实体时，三元组远离超平面，巨大的损失将导致正确的分类。相反，即使正确的三元组产生过大的损失，投影到超平面上的得分函数也可以相对较小（或更好）。通过这种方式可实现文本的语义相关性，增强知识表示。例如，三元组（普斯茅斯足球俱乐部，位置，普斯茅斯），只有符号信息不能有效推断，在 TransE 的链接预测中，"普斯茅斯"在 14951 个实体中排名 11549，意味着这是一个完全不可信的事实。关键字"普斯茅斯""英格兰"和"足球"在文本描述中出现了很多次，使两个实体在语义上相关。在语义信息加入之后，"普斯茅斯"在 14951 个实体中排名 65，可以判定为是一个可信的事实。

其次，TransE 中的所有等长损失向量（具有相等长度，当且仅当具有相同的二范数）在区别正确性方面都是等价的。TransE 的得分函数是 $\|h+r-t\|_2^2$，判别能力不够强，使用文本语义后，可以加强判别能力。具体来说，通过投影到相应的语义超平面上来测量等长损失向量能够合理地划分损失。对于"哪部电影约翰·鲍威尔贡献最多"的问题，有两个候选实体答案，即正确的

答案"功夫熊猫"和易混淆的错误答案"终结者"。如果没有文本语义，那么很难区分两个候选实体答案。TransE 计算的损失分别为 8.1 和 8.0，无法判别真伪。使用文本语义后，"约翰·鲍威尔"与"动画电影"的主题相关，与"终结者"关系其小。反映到模型中，正确的答案在"动画电影"语义超平面附近，而错误答案距离语义超平面较远。因此，正确答案的预计损失比错误答案的损失小得多，损失分别为 8.5 和 10.8。

## 4.4 本章小结

本章介绍了知识图谱表示学习的三个主要流派：几何嵌入方法、神经网络方法和结合文本的表示方法。

几何嵌入方法重点介绍基于平移原则的分支、基于高斯混合的分支和基于流形原则的分支。基于平移的原则是依据最为基本的平移操作来设计得分函数的。其优点是简单、高效；缺点是不能处理复杂关系。针对复杂关系的多语义特性是一个关系存在多种不同语义的现象，是基于高斯混合非参贝叶斯产生式过程的模型，为了解决复杂关系的表示问题，将实体的向量表示从之前的一个点，拓展到一个流形之上。

神经网络方法介绍基于度量学习的分支、基于简单神经架构的分支和基于复杂网络架构的分支。度量学习是最浅层的神经网络原理，利用度量学习来设计得分函数是最基础的基于神经网络的方法。其优点是设计简单；缺点是不能考察复杂信息。于是，学术界提出了基于简单架构的分支。其主要用浅层神经网络来拟合知识图谱，并可引入复杂的网络结构，如复数和卷积等，进一步提高系统的拟合能力。

本章最后介绍了知识图谱如何利用实体描述信息来增强知识图谱表示学习的方法，引入更多特征，比如路径信息、图片信息等辅助知识图谱表示学习。其具体细节，读者可以自行参考相关论文。

# 第 5 章

# 知识图谱的构建

　　知识图谱（Knowledge Graph）的构建是实现智能信息服务的基础。构建知识图谱的重要前提就是将知识从结构化、半结构化和非结构化的数据中抽取出来。命名实体（简称实体）是知识图谱中的最基本知识单元，也是自然语言中承载信息的重要语言单元。本章主要讨论构建知识库中的三个重要任务：命名实体识别、命名实体链接和命名实体关系抽取。例如，对于一条非结构化的文本数据"Michael Jordan, who was born in Brooklyn, New York, played 15 seasons in the National Basketball Association."，命名实体识别是抽取文本中具有特定意义的实体，如人名 Michael Jordan、地名 Brooklyn 和 New York、机构名 National Basketball Association，识别出来的实体名通常是有歧义的，难以直接加到知识库中，如世界上有很多人叫 Michael Jordan，如美国篮球运动员、*The Company of Demons* 一书的作者及加州大学伯克利分校的机器学习教授等。命名实体链接旨在消除实体名的歧义问题，并将其链接到知识库中对应的正确实体对象。例如，Michael Jordan 应该是美国著名篮球运动员，经过命名实体识别与链接，得到的是一些独立的命名实体。在现实生活中，实体与实体并不是独立存在的。它们之间的关系经常蕴藏在语料中。命名实体关系抽取就是从文本中识别出实体之间的语义关系，并形成网状图谱。例如，可以从上例中抽取三元组关系<Michael Jordan, born in, Brooklyn>。这种语义关系的抽取是构建知识图谱或本体知识库的重要支撑技术，同时也为其他智能服务，如智能搜索、智能问答和智能推荐等提供数据支持。本章将系统地介绍命名实体识别、命名实体链接和命名实体关系抽取的方法和技术。由于本书侧重于前沿技术，因此本章将以英文语料为例，详述近年来基于深度学习的方法，略述传统的方法（也就是非深度学习的方法）。

# 5.1 命名实体识别

## 5.1.1 什么是命名实体

命名实体（Named Entity）是专业术语，源自 1995 年的第六届信息理解会议[81]（The Sixth Message Understanding Conference，MUC-6）。命名实体指文本中具有特定意义或指代性强的实体，通常包括人名、组织机构名、地名等专有名词，以及日期、时间、数量、货币、比例、数值等数量短语。在 MUC-6 及后来的 MUC-7 会议中，命名实体包括 3 大类，共 7 小类：实体类（人名、组织机构名和地名）、时间类（时间和日期）和数字类（货币和百分比）。以英文语料为例，典型的命名实体如下。

① 实体类（Entities）：

人名（Persons）：Ming Yao、Michael Jordan 和 Steve Jobs。

组织机构名（Organizations）：National Basketball Association。

地名（Locations）：Beijing、Singapore 和 New York。

② 时间类（Times）：

时间（Times）：7:00 AM、midnight 和 twelve o' clock noon。

日期（Dates）：1-Jan-2019、this Friday 和 from 1990 through 1992。

③ 数字类（Quantities）：

货币（Monetary values）：$400million、a U. S. penny 和 100 CNY。

百分比（Percentages）：15 pct、60/100 和 100%。

MUC 后，ACE（Automatic Content Extraction）项目中的实体检测与追踪（Entity Detection and Tracking，EDT）任务进一步扩展了命名实体类别，增加的命名实体包括地理政治（Geo-political Entity）、设施（Facility）、交通工具（Vehicle）和武器（Weapon）。另外，CoNLL-2003（Conference on Natural Language Learning-2003）除定义人名、地名和机构名外，还将其他所有命名实体定义为其他（Others）。OntoNotes 5.0[①] 数据集定义了 18 类命名实体（人名、民族及政治团体、设施、机构组织、国家及城市、地名、产品名、事件名、艺术品名、法律、语言、日期、时间、百分比、货币、数量词、序数词和基数词），同时支持 3 种不同语言（中文、英文和阿拉伯文）。

以上介绍的命名实体测评均在开放领域（Open Domain），数据来源于大多基于新闻语料或维基百科。近年来，除了开放领域的命名实体，一些特定领域（Specific Domain）的命名实体也引起了研究者的广泛注意。例如，在生物领域，命名实体包括蛋白质（Protein）、核糖核酸（RNA）、脱氧核糖核酸（DNA）和基因（Gene）名等；在化学领域，命名实体包括化学物质和成分名等；在医学领域，命名实体包括药品名和疾病名等；在电子商务领域，命名实体包括商品名、出产地及出产商等。

总之，关于命名实体，学术界并未有严格的统一定义，并且在不同的应用领域，其定义也随之变化，但对于需要识别的实体类别，在不同的应用领域却有普遍的共识。例如，在开放领域，研究最多的三种命名实体是人名、地名和组织机构名。随着命名实体的外延与内伸，越来越多的实体类型得到了研究者的关注。这些命名实体是构建知识图谱最基本的知识单元，也是自然语言中承载信息的重要语言单元。

---

① OntoNotes 5.0 项目由 BBN 科技、科罗拉多大学、宾夕法尼亚大学和南加州大学共同承建。

### 5.1.2 任务概述

#### 1. 命名实体识别简介

命名实体识别（Named Entity Recognition，NER）旨在自动识别文本中表示命名实体的成分，并对其进行分类。通常，命名实体识别包含命名实体边界检测和命名实体类别判定。为了不失一般性，假设一段文本 $s$ 由 $N$ 个词（Word）组成，即 $s=<w_1,w_2,\cdots,w_N>$，则命名实体识别就是识别出 $s$ 中的所有命名实体，用 $E=\{<w_s,w_e,C>\}$ 表示。其中，$w_s$ 表示一个命名实体的开始边界；$w_e$ 表示一个命名实体的结束边界；$C$ 表示一个命名实体的类别。

图 5-1 给出了一个命名实体识别示例。输入是一个英文句子 "Michael Jordan won his first National Basketball Association championship with the Bulls in Chicago."。命名实体识别系统检测出四个命名实体：地名，Chicago；组织机构名，Bulls 和 National Basketball Association；人名，Michael Jordan。

$<w_{14}, w_{14}, \text{Location}>$　Chicago
$<w_{12}, w_{12}, \text{Organization}>$　Bulls
$<w_6, w_8, \text{Organization}>$　National Basketball Association
$<w_1, w_2, \text{Person}>$　Michael Jordan
⇑
合名实体识别（Named Entity Recognition）
⇑
Michael Jordan won his first National Basketball Association championship with the Bulls in Chicago.
$w_1$　$w_2$　$w_3$ $w_4$ $w_5$　$w_6$　　$w_7$　　　$w_8$　　$w_9$　　$w_{10}$ $w_{11}$ $w_{12}$ $w_{13}$　$w_{14}$ $w_{15}$

图 5-1　命名实体识别示例

命名实体识别自 1995 年提出以来，一直是信息检索与自然语言处理中的一个重要研究领域。识别出的命名实体是构建许多智能服务的基础。由于命名实体本身的复杂性与多变性等特点，因此命名实体识别仍然是一个具有挑战性的研究领域，还远没有达到可以完全识别的地步。总结过去二十几年的发展，命名实体识别主要面临以下挑战。

① 标注的命名实体数据有限。目前，大部分命名实体识别的模型都基于

有监督的机器学习算法，需要大量的标注数据来训练模型。特别是近年来涌现出来的基于深度学习的识别方法，对标注数据量有了更高的要求。如果语料较小，那么深度模型容易产生过拟合，进而使识别系统的性能变得很差。现有的命名实体标注语料普遍较为老旧，覆盖不全，语料较小。

② 命名实体名的多样性。对于一些命名实体，它们有形式多变的命名实体名。例如，Michael Jeffrey Jordan 经常被称为 Jordan、MJ、Black Cat、Air Jordan、His Airness 等，New York City 常常被称为 New York、NY、NYC、The Big Apple 等。另外，一些命名实体也经常嵌套在另一些命名实体中，例如组织机构名 United States Men's Olympic Basketball Team 中包含地名 United States 和另一组织机构名 Olympic。多样性使大部分命名实体都无法由统一规则来有效捕捉规律，需要根据上下文进行建模识别。

③ 命名实体语言环境不断演化。随着时代的变迁，人们的用语表达也在不断演化。近年来，随着社交媒体的兴起，人们的日常用语与以往相比也有很大变化，如流行用语、网络红人、虚拟人物和昵称等不断涌现，IKR 代表"I Know Right?"，LOL 代表"Laugh Out Loud"，OMG 代表"Oh My God"。大部分现有的命名实体识别系统只在有限的文本类型（主要是新闻语料）和实体类别（主要是人名、地名和组织机构名）中取得了效果。变迁的语言环境，势必使基于老旧语料库的模型失效。因此，如何精确识别非正式文本（如推特和微博）中的命名实体，是一个极具挑战的研究课题。

**2. 细粒度命名实体识别**

传统的命名实体识别通常聚焦在 3 大类或 7 小类（通常小于 10 个实体类别）实体类别中。这些粗粒度的命名实体类别并不能满足一些高性能自然语言处理任务的要求，例如由直接答案（Direct Answer）生成的问答系统。细粒度命名实体（Fine-Grained Named Entity）将实体类别细化到更细粒度的类别，使命名实体可包含更丰富的信息，有助于提升下游任务的性能。例如，"Michael Jordan played 15 seasons in the NBA for the Chicago Bulls and Washington

Wizards."，在细粒度命名实体识别中，Michael Jordan 被识别为 Person/Athlete/Basketball Player，而不是粗粒度命名实体识别中的类别 Person。通常，细粒度命名实体类别具有如下层次结构。

① Person：

– Actor，Architect，Artist，Athlete，Author，Coach，Director，Doctor，…

② Organization：

– Airline，Company，Educational Institution，Sports League，…

③ Product：

– Engine，Airplane，Car，Ship，Spacecraft，Camera，…

细粒度命名实体的类别从几十种到上万种。常见的细粒度命名实体类别包括：OntoNotes 5.0 数据集[82]由人工制定 89 个命名实体类别（共 18 大类）；BBN[83]数据集由人工编制 64 个命名实体类别；Ling 和 Weld[84]根据 Freebase 类别定义 112 个命名实体类别；Yosef 等[85]根据 YAGO 制定一个具有 505 个命名实体类别的分类体系；Choi 等[86]提出利用自由文本短语来描述命名实体类别，并提供一个包含 10201 个命名实体类别的数据集。另外，在现有的知识库中，如 YAGO、Freebase、Wikidata 等均含有上千种命名实体类别，可以为细粒度命名实体类别的制定提供参考。

与传统粗粒度命名实体识别不同的是，细粒度命名实体识别允许一个命名实体有多个类别，例如 Clinton Eastwood 可被同时识别为 Actor、Director 和 Politician。细粒度命名实体识别通常包括命名实体边界检测和命名实体类别分类。首先，命名实体边界检测往往依赖现有命名实体识别工具，如 Stanford NER 在检测出命名实体的有效边界后，常常丢弃粗粒度的类别信息。然后，细粒度命名实体识别就转化为一个多标签分类（Multi-label Classification）问题。典型的细粒度实体识别系统有 FIGER[84]、AFET[87]、FINET[88] 和 SANE[89]。

**3. 数据和工具**

自从 1995 年 MUC-6 开始，命名实体识别就在信息检索与自然语言处理领域引起了广泛的关注。一些测评项目发布了标注数据集，积极地推动了命名实体识别的发展。表 5-1 总结了常用的命名实体识别数据集（英文语料）。其中，MUC、CoNLL03、ACE、OntoNotes、BBN、NYT、WikiGold、WiNER、WikiFiger 和 N³数据集的文本来自正式文本（Formal Text）类型，例如新闻语料和维基百科文章。W-NUT 是一个关注用户生成文本的研讨会，自 2015 年首次举办以来，每年举办一次。W-NUT 数据源来自社交媒体、在线用户评论、网络论坛、临床记录和语言学习者的文章。W-NUT 定义了新型和新兴命名实体识别（Novel and Emerging Entity Recognition）任务。在非正式文本（Informal Text）中，识别命名实体是较难的任务。目前，W-NUT 数据集取得最好的 F1 分数为 41.86%[①]。可以看出，W-NUT 还有很大的上升空间。

现代社会越来越关注健康，使人们对医疗领域的信息需求与日俱增。命名实体在医疗领域广泛存在，如药品名和疾病名。而现有开放领域的命名实体识别系统很难直接应用在医疗领域，一些研究已开始专注医疗领域中的命名实体识别。表 5-1 中，GENIA、GENETAG、FSU-PRGE、NCBI-Disease、BC5CDR 和 DFKI 数据源来自医疗文本。与开放领域的数据集相比，医疗领域的标注语料相对较小，标注也需要较强的领域知识。

为了方便下游自然语言处理任务，无论是学术界还是工业界，都开发了一些拿来即用的命名实体识别系统。表 5-2 总结了一些常用的命名实体识别系统。其中，StanfordCore NLP、OSU Twitter NLP、Illinois NLP、Neuro NER、NER suite、Polyglot 和 Gimli 来自学术界；spaCy、NLTK、Open NLP、Ling Pipe、Allen NLP 和 IBM Watson 来自工业界。这些系统均基于开放领域数据开发，如艾伦人工智能研究院的 Allen NLP 是基于 CoNLL03 训练的。因此，在其他特定领域，这些系统往往表现不佳。

---

① 参见 http://noisy-text.github.io/2017/emerging-rare-entities.html。

表 5-1 常用的命名实体识别数据集（英文语料）

| 数据集 | 建立时间 | 数据文本源 | 命名实体类别（种）| 资 源 地 址 |
|---|---|---|---|---|
| MUC-6 | 1995 | Wall Street Journal texts | 7 | https://catalog.ldc.upenn.edu/LDC2003T13 |
| MUC-6 Plus | 1995 | Additional news to MUC-6 | 7 | https://catalog.ldc.upenn.edu/LDC96T10 |
| MUC-7 | 1997 | New York Times news | 7 | https://catalog.ldc.upenn.edu/LDC2001T02 |
| CoNLL03 | 2003 | Reuters news | 4 | https://www.clips.uantwerpen.be/conll2003/ner/ |
| ACE | 2000—2008 | Transcripts, news | 7 | https://www.ldc.upenn.edu/collaborations/past-projects/ace |
| OntoNotes | 2007—2012 | Magazine, news, conversation, web | 89 | https://catalog.ldc.upenn.edu/LDC2013T19 |
| W-NUT | 2015—2018 | User-generated text | 18 | http://noisy-text.github.io |
| BBN | 2005 | Wall Street Journal texts | 64 | https://catalog.ldc.upenn.edu/ldc2005t33 |
| NYT | 2008 | New York Times texts | 3 | https://catalog.ldc.upenn.edu/LDC2008T19 |
| WikiGold | 2009 | Wikipedia | 4 | https://figshare.com/articles/Learning_multilingual_named_entity_recognition_from_Wikipedia/5462500 |
| WiNER | 2012 | Wikipedia | 4 | http://rali.iro.umontreal.ca/rali/en/winer-wikipedia-for-ner |
| WikiFiger | 2012 | Wikipedia | 113 | https://github.com/xiaoling/figer |
| $N^3$ | 2014 | News | 3 | http://aksw.org/Projects/N3NERNEDNIF.html |
| GENIA | 2004 | Biology and clinical texts | 36 | http://www.geniaproject.org/home |
| GENETAG | 2005 | MEDLINE | 2 | https://sourceforge.net/projects/bioc/files/ |
| FSU-PRGE | 2010 | PubMed and MEDLINE | 5 | https://julielab.de/Resources/FSU_PRGE.html |
| NCBI-Disease | 2014 | PubMed | 4 | https://www.ncbi.nlm.nih.gov/CBBresearch/Dogan/DISEASE/ |
| BC5CDR | 2015 | PubMed | 3 | http://bioc.sourceforge.net/ |
| DFKI | 2018 | Business news and social media | 7 | https://dfki-lt-re-group.bitbucket.io/product-corpus/ |

表 5-2　一些常用的命名实体识别系统

| 领域 | 命名实体识别系统 | 资 源 地 址 |
|---|---|---|
| 学术界 | Stanford Core NLP<br>OSU Twitter NLP<br>Illinois NLP<br>Neuro NER<br>NER suite<br>Polyglot<br>Gimli | https://stanfordnlp. github. io/CoreNLP/<br>https://github. com/aritter/twitter_nlp<br>http://cogcomp. org/page/software/<br>http://neuroner. com/<br>http://nersuite. nlplab. org/<br>https://polyglot. readthedocs. io<br>http://bioinformatics. ua. pt/gimli |
| 工业界 | spaCy<br>NLTK<br>Open NLP<br>Ling Pipe<br>Allen NLP<br>IBM Watson | https://spacy. io/<br>https://www. nltk. org<br>https://opennlp. apache. org/<br>http://alias-i. com/lingpipe-3. 9. 3/<br>https://allennlp. org/models<br>https://www. ibm. com/watson/ |

## 5.1.3　传统的命名实体识别方法

总体来说，命名实体识别方法大致分为两大类：基于传统（非深度学习）的方法和基于深度学习的方法。近年来，由于深度学习强大的特征学习能力，因此基于深度学习的命名实体识别方法占据了主导地位。本节将简要介绍传统的命名实体识别方法，主要包括三大类：基于词典与规则的方法、基于无监督机器学习的方法和基于特征工程的有监督机器学习方法。

**1. 基于词典与规则的方法**

早期的命名实体识别方法大多是基于词典与规则的方法。与机器学习的方法相比，该类方法虽然不需要标注训练数据，但需要大量的专家利用领域知识来编写规则或模板。常见的词典包括 Tipster 地名词典、互联网电影资料库（IMDB）人名及电影名词典、维基百科上的词典。规则的制定完全依赖于专家知识及应用领域数据。例如，Krupka 和 Hausman 开发了 NetOwl 命名实体识别系统[90]。该系统定义了 7 种文档类型规则（Document Style Patterns)、5 种出版规则（Publication Patterns）、10 种复合标签规则（Compound Tags）、3 种执行部门规则（Executive Departments）和 5 种其他规则（Other）。其他规则的系统包括 LaSIE-II[91]、Facile[92]、SAR[93]、FASTUS[94] 和 LTG[95]。在医疗领域，Hanisch 等[96] 提出了 ProMiner。该方法基于同义词词典及规则模板识别文本中的蛋白质和基因实体。Quimbaya 等[97] 提出了基于模糊词典的方法。该方法被用于识别电子健康记录（Electronic Health Records）中的疾病名，如糖尿病（Diabetes）和高血脂症（Hyperlipidemia）等。

值得一提的是，即便采用人工制定规则，但人们还是希望能够利用自动方法发现和生成规则模板。具有代表性的是由 Kim 和 Woodland[98] 提出的基于规则命名实体识别方法。该方法可借助 Brill 的词性标注原理[99]，自动生成 53 种规则来识别命名实体。

总体来说，由于规则难以全面覆盖，因此基于词典与规则的方法往往准确率较高，召回率较低。另外，该类方法虽然在制定规则的语料上运行得较好，但当领域差别较大时，制定的规则往往无法移植，即适应新的数据能力有限。

**2. 基于无监督机器学习的方法**

无监督机器学习（Unsupervised Machine Learning）的最大特点是不需要标注数据。无监督机器学习用于命名实体识别的核心思想是，利用大规模未标注数据，运用无监督统计学习算法，自动学习命名实体的词汇模式（Lexical Patterns）。例如，无监督机器学习的典型方法是聚类（Clustering），因此可以尝试根据命名实体上下文的相似性，从聚类组中收集命名实体。

下面介绍几个经典的无监督命名实体识别系统。Collins 和 Singer[100] 提出了 DLCoTrain 方法。该方法先预定义初始种子规则集（Decision List），再用这些规则集标注语料库产生更多的标注数据，然后由标注数据训练迭代得到更多的规则，通过设置迭代步数，可以得到最终的规则集。该规则集即可用于命名实体识别。Etzioni 等[101] 提出了无监督、领域无关的命名实体识别系统

KNOWITALL。该系统利用"生成–测试"架构来抽取实体，具体包含两个步骤：①利用一个具有 8 个规则的模板抽取候选事实（Candidate Facts）；②利用点互信息（Pointwise Mutual Information，PMI）测试候选事实的真实性。Nadeau 等人[102]提出了一个无监督命名实体识别系统。该系统首先从少量的种子中产生一个大的命名实体字典。在这个命名实体字典中，命名实体往往是有歧义的，如 Atlantic 可能是地名，也可能是组织机构名。命名实体字典可以利用简单的别名解析策略消除命名实体歧义。Zhang 和 Elhadad[103]提出了无监督的生物医学命名实体识别方法。该方法包括三个步骤：首先，为每种类型的命名实体收集种子词汇（Seed Terms）；然后，利用名词短语（Noun Phrases）和逆文档频率（Inverse Document Frequency，IDF）权重检测命名实体边界；最后，基于相似性度量来计算命名实体类别。

**3. 基于特征工程的有监督机器学习方法**

当有标注数据可用时，基于无监督机器学习的方法并不能充分利用标注数据进行建模。相反，基于特征工程的有监督机器学习（Supervised Machine Learning）方法却能够充分利用标注数据，建立更为精确的模型。其核心思想是，利用人工设计的特征，结合传统的统计机器学习模型，训练命名实体识别模型。相比基于规则的方法，该类方法具有鲁棒性强、可移植性高等特点。通常，基于特征工程的有监督机器学习方法包括以下几个步骤。

（1）特征抽取

特征抽取（Feature Engineering）就是从原始文本中抽取命名实体的内部特征和所在的上下文特征，供学习算法使用。因此，有效地表征命名实体及上下文在有监督机器学习的命名实体识别中发挥着重要作用。对于英文语料，常用的特征包括大小写、词缀及词根、词性标注和前后词信息等。目前，对于特征抽取并没有统一的准则，大多是根据专家经验及实验效果。例如，Zhou 和 Su 等人[104]针对 MUC 数据集，设计了 11 种正交特征（Orthographic Features）；Ji 等人[105]针对推特上的命名实体识别，设计了 19 种局部特征

（Local Features）和 5 种全局特征（Global Features）。

（2）模型学习

在有监督机器学习方法的框架下，命名实体识别通常转化为一个标签预测问题，常用的标注模式有两种：BIO 标注模式（B-begin，I-inside，O-outside）和 BIOES 标注模式（B-begin，I-inside，O-outside，E-end，S-single）。其中，B-begin 表示一个命名实体的开始位置；I-inside 表示命名实体的中间位置；O-outside 表示非命名实体部分；E-end 表示命名实体结束的位置；S-single 表示此位置独立构成一个命名实体。特别是命名实体类别会附加在标注模式后面，可形成更多的标签。例如，在 BIOES 标注模式下，"Michael Jordan played 15 seasons in the National Basketball Association"被标注为"B-PER E-PER O O O O O B-ORG I-ORG E-ORG[①]"。目前，多种传统的统计机器学习模型已成功用于此标签预测问题，包括隐马尔可夫模型（Hidden Markov Models，HMM）[106, 107]、决策树模型（Decision Trees）[108]、最大熵模型（Maximum Entropy）[109]、支持向量机（Support Vector Machines，SVM）[110, 111] 和条件随机场（Conditional Random Fields，CRF）[112, 113]。

隐马尔可夫模型的一个最大缺点就是由于其输出独立性假设，导致其不能考虑上下文建模。最大熵模型由于归一化是在每个节点进行的，所以只能找到局部的最优值，并同时带来了标记偏差（Label Bias）的问题，也就是训练语料中未出现的情况全都被忽略掉。条件随机场由 Lafferty 等人于 2001 年提出，它结合了隐马尔可夫模型和最大熵模型的特点，是一种无向概率图模型，近年来在词性标注、分词和命名实体识别、序列标注等任务中取得了很好的效果。

条件随机场（CRF）：设 $X = (X_1, \cdots, X_n)$ 是输入观测序列，$Y = (Y_1, \cdots, Y_n)$ 是输出标签序列，$P(Y \mid X)$ 是在给定观测序列 $X$ 条件下 $Y$ 的条件分布，若

---

① B-PER 代表 Begin-Person，B-ORG 代表 Begin-Organization。

$Y$ 构成一个无向图 $G = (V, E)$ 表示的马尔可夫场，即

$$P(Y_v \mid X, Y_w, w \neq v) = P(Y_v \mid X, Y_w, w \sim v) \tag{5-1}$$

对任意的节点 $v$ 都成立，则称条件分布 $P(Y \mid X)$ 为条件随机场。式（5-1）中，$w \sim v$ 表示在无向图 $G = (V, E)$ 中，$w$ 是与 $v$ 相连接的所有节点；$w \neq v$ 表示 $w$ 是除 $v$ 以外的所有节点。

根据以上定义，线性 CRF 可以表示为

$$P(Y_i \mid X, Y_1, \cdots, Y_{i-1}, Y_{i+1}, \cdots, Y_n) = P(Y_i \mid X, Y_{i-1}, Y_{i+1}) \tag{5-2}$$

式（5-2）表示决定 $P(Y_i)$ 的概率取决于输入观测序列 $X$，以及与 $P(Y_i)$ 相邻的输出标签 $Y_{i-1}$ 和 $Y_{i+1}$。相比隐马尔可夫模型，CRF 引入了特征函数的概念。特征函数 $F(X, Y) \in \boldsymbol{R}^d$ 将输入观测序列 $X$ 和输出标签序列 $Y$ 映射到一个 $d$ 维的实值空间。假设输出标签的状态空间是 $\mathcal{S}$，那么对于序列长度为 $n$ 的标签序列 $Y$，所有可能的状态空间为 $\mathcal{S}^n$。命名实体识别的对数线性模型（Log-linear Model）可以表示为

$$P(Y \mid X; \theta) = \frac{\exp[\theta \cdot F(X, Y)]}{\sum_{Y' \in \mathcal{S}^n} \exp[\theta \cdot F(X, Y')]} \tag{5-3}$$

式中，$\theta$ 是模型参数，分母是在整个标签状态空间 $\mathcal{S}^n$ 下求和的。接下来，CRF 还有两个重要的问题：参数估计和预测解码。

假设一共有 $m$ 个训练样本，则训练目标函数可以写为

$$\mathcal{L}(\theta) = \sum_{j=1}^{m} \ln P(Y^j \mid X^j; \theta) - \frac{\lambda}{2} \|\theta\|_2^2 \tag{5-4}$$

进一步对 $\theta$ 求偏导，得到

$$\frac{\partial}{\partial \theta_k} \mathcal{L}(\theta) = \sum_{j=1}^{m} F_k(Y^j, X^j) - \sum_{j=1}^{m} \sum_{Y \in \mathcal{S}^n} P(Y \mid X^j; \theta) F_k(X^j, Y) - \lambda \theta_k \tag{5-5}$$

式中，第一项易求，但第二项包含一个在整个标签状态空间的求和，直接求

解不易。常用的方法有向前－向后算法（Forward－Backward）和维特比算法（Viterbi）。如果序列长度为 $n$，模型网络有 $k$ 个节点（也就是特征有 $k$ 维），维特比复杂度为 $O(nk^2)$，则计算之后，就可用经典的极大似然估计法、迭代尺度法、梯度下降法及拟牛顿法等进行模型学习。

（3）模型预测

无论什么机器学习模型，训练好之后，都可以根据标注模式实现对测试集数据的命名识别。例如，从"B-PER I-PER E-PER"提取人名实体。特别是对于 CRF 模型，由于推断时输出标签空间是全局性的，计算代价大，因此需要寻求一种高效的方法推测最优的标注序列。给定一个新的观测序列 $X = (X_1, X_2, \cdots, X_n)$，期望找到一个最有可能的标签序列，也就是

$$\arg \max_{Y \in \mathcal{S}^n} P(Y \mid X; \theta) \tag{5-6}$$

求解式（5-6），一种最简单、最直接的方式是遍历每一条路径来确定最大概率标签序列，计算复杂度非常高，效率较低。最常用的方法是维特比（Viterbi）算法。

## 5.1.4　基于深度学习的命名实体识别方法

近年来，基于深度学习（Deep Learning）的方法在自然语言处理、计算机视觉和语音识别等领域取得了不少进展。同样，深度学习在命名实体识别任务中也获得了不错的性能，并逐渐占据主导地位。与传统的命名实体识别方法相比，基于深度学习的命名实体识别方法主要有以下优点：

① 深度学习具有强大的非线性映射能力。相比一些线性识别模型，深度学习模型能将原始数据非线性地映射成更高层次的、更加抽象的表达。

② 深度学习节省了人工设计特征的代价。传统基于特征的方法需要大量的工程技巧与领域知识，而深度学习能从原始输入中自动学习特征，极大地减少了对专业领域知识的依赖。

③ 深度学习模型能以端到端的方式进行训练。相比分治策略，端到端（End-to-End）的学习方式可避免流水线（Pipline）模型中模块之间的误差传播，具有协同增效的优势，能更大可能地获得全局最优解。另外，端到端也可以承载更加复杂的内部设计，有利于得出更好的结果。

基于深度学习的命名实体识别框架如图 5-2 所示。其识别过程包括三个主要步骤[114]：

① 输入的分布表示：主要利用外部资源及深度学习网络，将输入文本无监督地表示为稠密且低维的实值向量。实值向量的每一维都表示文本的某种潜在的语法或语义特征。

② 上下文编码：主要利用深度学习网络记住文本上下文的局部或全局信息，形成某种形式的中间语义，为后面输出标签序列的推测提供依据。

③ 标签解码：利用上下文编码得到的信息，推测最有可能的输出标签序列。

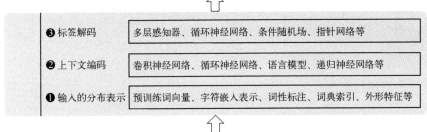

图 5-2 基于深度学习的命名实体识别框架

下面将根据这三个主要步骤详细介绍基于深度学习的命名实体识别方法。

**1. 输入的分布表示方法**

命名实体识别系统的输入通常是一个句子或一段文本。对英文语料而言，单词（Words）是后续步骤（见图 5-2）最基本的信息处理单元，并且最终命名实体标签也是在单词级别进行预测的。单词由字符（Characters）组成。字符级别的表示能为单词级别的表示提供另一个视角。单词的综合表示最终可由三部分组成：单词级别的分布式表示、字符级别的分布式表示和人工特征表示。单词的综合表示将作为原始特征输入后续模型网络中，是整个网络的基础，直接影响命名实体识别系统的性能。

（1）单词级别的分布表示

3.1.1 节介绍了若干单词的分布表示模型。这些模型在命名实体识别中都有所应用[115-121]。例如，Zheng 等人[116]利用 Google 的 Word2vec 工具，在 NYT 数据集上训练词向量，并将其作为命名实体识别模型的特征输入；Strubell 等人[117]应用 Skip-n-gram 模型在 SENNA 数据集上得到了 100 维的词向量；Li 等人[120]应用预训练的 GloVe 词向量；Wang 等人[121]应用预训练的 fastText 词向量。

（2）字符级别的分布表示

3.1.1 节也介绍了若干字符级别的分布表示模型。在命名实体识别任务中，一些研究[119, 120, 122]已将卷积神经网络应用于字符级别的分布表示，并有大量的研究[119, 123-126]探讨了基于循环神经网络的字符级别表示在命名实体识别中的应用。通常，将拼接正向网络和反向网络最后一步的输出作为最终单词的字符级别分布表示（见图 3-4（b））。

循环神经网络与统计语言模型（Statistical Language Model）的结合也为字符级别的分布表示提供了一种思路，如图 5-3 所示。Akbik 等[127]利用双向循环神经网络分别预测下一个字符（正向）与上一个字符（反向），更有利于学习文本的语法和语义属性。最终，一个单词（如 Washington）的分布表示由正向语言模型前一个字符（如 W 前的空格␣）的隐状态（Hidden State）和后一个字符（如 n 后的空格␣）的隐状态拼接组成。该方法能有效捕捉语境的上下文信息。对于同一单词的不同上下文，该单词有不同的分布表示，迄今为止（2019 年 5 月），在 CoNLL03 数据集上达到了最高精度，F1 = 93.09%。

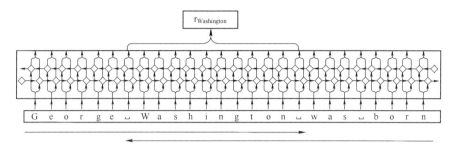

图 5-3　结合循环神经网络与统计语言模型的字符级别分布表示

（3）人工特征表示

除了单词级别的分布表示和字符级别的分布表示，人工特征表示也经常被作为最终单词表示的某一维或某几维。与基于神经网络的分布表示方法相比，人工特征表示往往具有明确的意义。例如，某一维用二进制（0 或 1）表示单词是否出现在一个现有的命名实体词典中；另一维用实值表示单词的词性标签类别（Parts-Of-Speech，POS）。在理论上，5.1.3 节的特征都可以加入单词的最终表示。人工特征表示的本质是将基于神经网络的分布表示与基于特征工程的方法相结合。关于哪些特征该加入最终表示，目前学术界并没有达成一致。虽然这些额外的信息有可能提升 NER 系统的性能，但是代价是降低了深度学习系统的通用性和可迁移性。

**2. 上下文编码方法**

在命名实体识别任务中，上下文编码（Context Encoding）的本质是利用深度学习网络记住文本上下文的局部或全局信息，形成某种形式的中间语义，为后面输出标签序列的推测提供依据。上下文编码方法可用大脑进行类比，首先看到一段文本，将其从头到尾读一遍或从尾到头过一遍，然后在大脑中形成某种形式的记忆。对于英文语料而言，上下文编码都在单词级别上进行。常用的上下文编码器有卷积神经网络（Convolutional Neural Network）、循环神经网络（Recurrent Neural Network）、递归神经网络（Recursive Neural Network）、神经语言模型（Neural Language Model）和 Transformer 等。

（1）基于卷积神经网络的上下文编码

与 3.1.1 节卷积神经网络用于字符级别的分布表示相似，卷积神经网络也可用来编码单词的上下文。2011 年，Collobert 等人[128]开启了基于深度学习的命名实体识别的先河。Collobert 等人基于卷积神经网络，提出了一种窗口方法（Window Approach），用于词性标注（Parts-of-Speech）、词语组块分析（Chunking）和命名实体识别（NER）等自然语言处理任务，如图 5-4 所示。

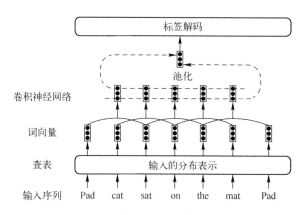

图 5-4　基于卷积神经网络的上下文编码

窗口方法首先在输入序列中开一个大小为 $n$ 的窗口，其中心的那个单词为"兴趣词"（例如图 5-4 中的 on），上下文各为 $(n-1)/2$ 个单词，经过卷积神经网络层和池化层等得到"兴趣词"的上下文表征（Contextualized Representation），然后经过一个多类别分类器（如 Softmax）就可得到"兴趣词"的命名实体识别标签。对于普通卷积，随着卷积神经网络层越来越深，参数也越来越多。对此，Strubell 等人[117]利用扩充卷积神经网络（Iterated Dilated Convolutional Neural Network，ID-CNN）对普通卷积神经网络进行改进。具体来说，该方法感受野（Receptive field）的扩张宽度会随层数的增加而呈指数级增加，参数数量线性增加，即获得了更大的感受野。

（2）基于循环神经网络的上下文编码

在命名实体识别系统中，循环神经网络往往是双向的（Bidirectional）。这是因为识别一个命名实体，往往由命名实体前面若干"历史信息"和后面若干"未来信息"共同决定。当循环神经网络用于单词的上下文编码时，通常会拼接当前时刻（RNN 在时间上展开）的正向隐状态和反向隐状态，作为当前时刻的上下文表征，如图 5-5 所示。已有大量的研究[119, 124, 129-131]探讨了基于循环神经网络的上下文编码在命名实体识别中的应用。

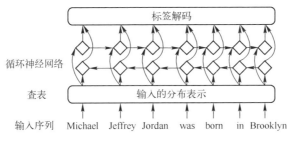

图 5-5　基于循环神经网络的上下文编码

（3）基于递归神经网络的上下文编码

递归神经网络（Recursive Neural Network）可以返回树上每个节点的向量表达，常用来建模句子的语法与语义结构。Li 等人[120]探讨了双向递归神经网络在命名实体识别中的应用，如图 5-6 所示。自底而上的网络与自上而下的网络可分别计算树上每个节点的语义隐状态 $H_{bot}$ 和 $H_{top}$，并将 $H_{bot}$ 和 $H_{top}$ 拼接在一起后传入后面的命名实体标签解码网络。虽然递归神经网络在建模层次结构数据方面具有一定的优势，但必须要把每个句子均标注为语法解析树（Parsing Tree）的形式，需要花费非常大的标注成本，因此在实际应用中往往受限。

（4）基于神经语言模型的上下文编码

式（3-9）和式（3-10）分别定义了前向语言模型和反向语言模型的建模概率。基于神经语言模型的上下文编码结合神经网络和统计语言模型对单

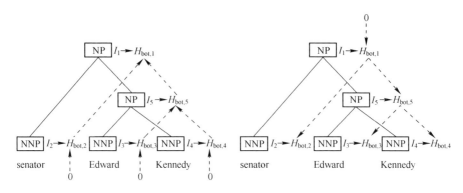

图 5-6　基于递归神经网络的上下文编码

词的上下文进行编码[43, 132-134]。例如，Rei[132] 提出了一个多任务学习的序列标注模型，如图 5-7 所示，在循环神经网络的每一时刻，模型不仅要预测当前词（如 Jordan）的序列标签（E-PER），还要预测当前词的下一个词（was）及上一个词（Jeffrey）。

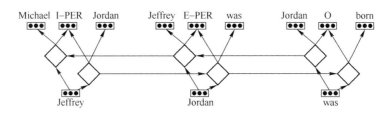

图 5-7　多任务学习的序列标准模型

（5）基于 Transformer 的上下文编码

如 3.2.2 节所述，Transformer 完全依赖于注意力（Attention）机制，从而彻底抛弃了传统的神经网络单元，有利于训练更深的网络。OpenAI 的 GPT 是基于 Transformer 的单向语言模型，而 Google 的 BERT 是基于 Transformer 的双向语言模型。在命名实体识别中，无论是 GPT 还是 BERT，其 Transformer 的顶层输出均将作为单词的上下文表征，并被输入后续的标签解码器，如图 5-8 所示。

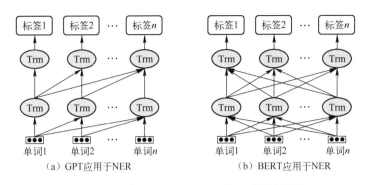

图 5-8 两种基于 Transformer 的上下文编码器

### 3. 标签解码方法

标签解码就是从输入文本序列的上下文表征中推测出最有可能的输出标签序列。所识别的命名实体可以从输出标签序列中提取，如 "B-PER I-PER E-PER O" 中可提取出人名实体（前三个单词）。常用的标签解码器有多层感知器+Softmax、条件随机场、循环神经网络和指针网络（Pointer Networks）。图 5-9 给出了这四种标签解码器的网络架构。

多层感知器+Softmax 将标签序列预测转化为一个多类别分类问题，输出层经常是一个 Softmax 函数。该方法的实现虽然比较简单，但忽略了输出标签序列之间的依赖关系。根据式（5-2），线性条件随机场在推断某一输出标签时，应考虑整个输入序列信息和当前标签的左右相邻标签信息。因此，基于条件随机场的标签解码，无论是在基于特征工程的有监督机器学习方法，还是在基于深度学习的方法中，都有较为广泛的应用。条件随机场的计算复杂度正比于标签类别数量的平方。当标签类别数量比较多时（如细粒度命名实体识别），条件随机场的训练代价大，计算复杂度高。一些研究[116, 135, 136]探讨了循环神经网络在标签解码中的应用，见图 5-9（c）。循环神经网络以一种贪婪的方式产生标签序列。首先，符号 Go 和上下文编码 $h_2^{Enc}$ 作为 RNN 解码器的输入，在此时刻预测出当前单词 Michael 的标签为 B-PER，然后将此预测的标签作为下一个时刻的输入，并产生下一时刻的标签 I-PER。一直重复此过程，直至解码完整个序列。图 5-9（d）给出了基于指针网络[137, 138]的标

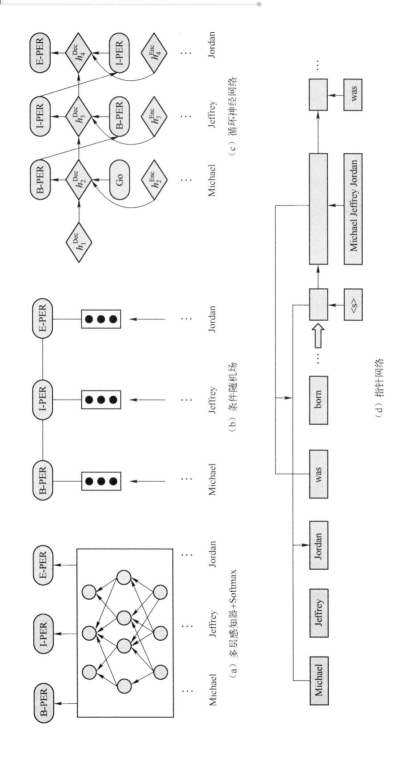

图5-9 四种标签解码器的网络架构

签解码结构。由图可以看出，此类方法依然是一种贪婪式的解码方法。基于指针网络的解码器采用一种"先分割–后标注"的策略进行命名实体识别。例如，指针网络首先判定第一个命名实体的长度为 3，即 Michael Jeffrey Jordan，然后用另一个网络判定此命名实体的类别为人名。一直重复上述过程，直至序列完全被标注。与其他三个解码器不同，指针网络的命名实体识别是块（Segment）级别的，而不是单词级别的。

## 5.1.5　基于深度学习的命名实体识别新模型及新思路

### 1. 融合深度多任务学习的命名实体识别

当有多个相关机器学习任务时，这些任务之间通常会共享一些有用的信息。这种共享来自人们学习的模拟。例如，人们通常先学会骑自行车，然后利用这种共享知识来学会骑电动摩托车。多任务学习（Multi-task Learning）[139]的目标是通过使用多个相关任务中包含的领域知识来提升各个任务的性能。与单任务学习相比，多任务学习可以从数据中获取更加综合的、更加多变的信息来提升原始任务的泛化性能。

一些研究[116, 118, 126, 128]已将命名实体识别任务与其他相关任务一起学习，以达到提升命名实体识别性能的目的。常用的相关任务包括词性标注（Parts-Of-Speech）、词语组块分析（Chunking）、语义角色标注（Semantic Role Labeling）和实体关系抽取（Relation Extraction）等。

### 2. 融合深度迁移学习的命名实体识别

迁移学习（Transfer Learning）[140]的目的是将源域（Source Domain）学习到的知识迁移到目标域（Target Domain），以加快并优化目标域模型的学习效率。迁移学习被提出的初衷是节省人工标注样本的时间，终极目的是让模型可以通过已有的标注数据向未标注数据迁移。迁移学习可以延升到一些极限情况。例如，人们常常想从很少的（0 个或 1 个）实例中学习，也就是 Few-Shot、One-Shot 及 Zero-Shot 学习。

迁移学习已在命名实体识别中发挥了重要作用。通常，一些领域或语种有较多的标注数据（如新闻语料领域、英文语种），另一些领域或语种可用的标注数据有限（如医疗和社交媒体领域、葡萄牙语种）。针对这些低资源领域或语种，一些研究[141-145]已探究了迁移学习在跨领域与跨语种的命名实体识别中的应用。

### 3. 融合深度主动学习的命名实体识别

传统的监督机器学习方法需要大量的标注数据来训练模型。在真实应用场景，标注海量数据需要花费高昂的人力成本。一种解决方案是首先挑选一部分数据进行标注，然后使用标注的较少训练样本来获得性能较好的分类器。主动学习（Active Learning）[146]就是研究这一问题的一种机器学习框架。具体而言，主动学习首先让学习算法主动地提出需要对哪些最有用的数据进行标注，然后将这些选择的数据送由专家标注，最后将标注数据加入训练集中来提高模型的精确度。

Shen 等人[135]提出了基于主动学习的命名实体识别方法。在每轮的小批量（Mini-batch）训练中，该方法首先主动选择哪些句子需要人工标注命名实体，然后加入该轮 Mini-batch 中。实验表明，该方法仅用 25% 的数据，就几乎达到了目前的最佳性能（基于全部数据）。

### 4. 融合深度强化学习的命名实体识别

强化学习（Reinforcement Learning）是机器学习的一个分支，可表述为：智能体（Agent）在进行某个任务时，通过一系列动作策略（Action）与环境（Environment）的交互而产生新的状态（State），同时环境会给智能体一个奖赏（Reward），如此循环，智能体会通过反复试验来逐步提高完成任务的动作策略。传统强化学习中的状态和动作空间是离散的，维数不高。深度强化学习就是用深度学习应对很大的状态空间和连续的动作空间，使智能体同时拥有强化学习的决策能力和深度学习的理解能力。

针对命名实体识别，Narasimhan 等人[147]设计了强化学习框架下的状态、动作及奖赏。该方法首次利用深度强化学习抽取了 7 类命名实体，包括 Shooter-Name、NumKilled、NumWounded、City、Food、Adulterant 和 Location。

**5. 融合深度对抗学习的命名实体识别**

2014 年，Ian Goodfellow 等人[148]提出了生成对抗网络（Generative Adversarial Network，GAN）。GAN 由两种深度神经网络构成，包括一个生成网络（Generator）和一个判别网络（Discriminator）。在训练过程中，生成网络的目标就是尽量生成真实的实例去欺骗判别网络。相反，判别网络的目标就是尽量把生成网络生成的实例和真实的实例分开。这样，生成网络和判别网络就构成了一个动态的"对抗博弈"过程。

在命名实体识别的迁移学习中，为了提高源域学习到的语义表征的迁移性，往往希望语义表征与目标域的表征尽可能相似。一种有效的办法就是在模型中加入对抗网络来增强两个域的混淆[149]，往往会导致一个混淆域的产生。源域的训练使混淆域的表征能更好地拟合源域数据，而加入的对抗网络能让混淆域的表征不易区分源域和目标域，对抗网络的加入让混淆域的表征具有领域不变性（Domain-invariant），因此具有更好的迁移性。

# 5.2　命名实体链接

## 5.2.1　任务概述

自然语言经常存在一词多义、多词一义和别名的现象。因此，命名实体识别出的实体往往不能确定所指向的实体。命名实体链接（Entity Linking①）是指将文本中的命名实体提及（Entity Mention）链向某个知识库中无歧义实体的过程。命名实体链接能极大地丰富文本的语义信息，对完备知识库、信

---

① Entity Linking 通常也称 Entity Disambiguation。

息检索、智能问答和增强用户阅读体验等有广泛的应用前景。

具体而言，命名实体链接可描述为：给定一个知识库，该知识库包含一个实体集合 $E$；现有一个文档集合，该文档集合的实体提及集合为 $M$；命名实体链接任务的目的就是链接每一个实体提及 $m \in M$ 到它对应的无歧义目标实体 $e \in E$。如果知识库中不包含 $m$ 的目标实体，则将 $m$ 链接到一个特殊的目标实体 NIL（空链接，代表此目标实体提及不在该知识库中）。图 5-10 给出了一个基于维基知识库的命名实体链接示例。该示例中的目标实体提及"Machael Jordan"被成功地链接到维基知识库中的目标实体 Q41421，代表美国著名篮球运动员；"National Basketball Association""Bulls" 和 "Chicago"分别被链接到目标实体 Q155223、Q128109 和 Q1297。

图 5-10　基于维基知识库的命名实体链接示例

命名实体链接常用的英文目标实体知识库包括 Wikipedia、YAGO、DBpedia、Freebase、Microsoft Concept Graph 和 ConceptNet 等；常用的中文目标实体知识库包括 Zhishi.me、CN-DBPedia 和 XLORE 等。2009 年，TAC KBP（Knowledge Base Population）测评会议发布了第一个较大的命名实体链接数据集。该数据集的每一个命名实体均对应 Wikipedia 2008 数据库中的一篇文章。其测试数据集共包括 3904 个查询，有 2229 个查询不能链接到知识库，即空链接（NIL）。TAC KBP 2010 采用了 2009 年 TAC KBP 的相同数据集，不同在于该数据集进一步降低了 NIL 的百分比，即训练集中 28.4% 的查询是 NIL，测试数据集中 54.6% 的查询是 NIL。其他常用的命名实体链接数据集包括 WikiDis-amb30[150] 和 CoNLL-YAGO[151]。

虽然命名实体链接近些年取得了卓有成效的进展，但仍需要进一步的研究。命名实体链接主要面临如下挑战。

① 目标知识库的实体量巨大。随着信息化时代的发展，现有知识库规模及覆盖范围都不断地增长，例如 Google Knowledge Graph 有 5 亿多个实体，Diffbot① 中的实体数目达到 100 多亿个。利用巨大的知识库作为命名实体链接的目标知识库，给命名实体链接的有效性和实效性带来了巨大挑战。

② 短文本命名实体链接的上下文信息缺乏。在短文本命名实体链接中，系统的输入往往是一个句子或一个短语。在这种情况下，可利用的命名实体上下文信息十分有限，例如在短文本 "In 2010, Jordan generated $1 billion in sales for Nike" 中，命名实体链接系统需要根据有限的上下文识别 "Jordan" 是运动品牌 "Jordan Brand"，而非篮球运动员 "Michael Jordan"。

③ 多模态和多源异质信息的统一建模。命名实体链接过程常常会利用实体提及的上下文、实体的背景知识及其他外部可用资源。通常，这些信息具有多类型、多模态和多源异质的特点。因此，如何有效利用这些信息进行统一建模，是提升命名实体链接系统性能的一个重要方向。

## 5.2.2　传统的命名实体链接方法

根据文档中实体提及是否给定，传统的命名实体链接方法大致可分为两大类：未给定实体提及的命名实体链接和已给定实体提及的命名实体链接。如果未给定实体提及，则通常有两种做法：第一种做法是先识别实体提及，

---

① 参见 https://www.diffbot.com/。

再进行命名实体链接；第二种做法是将命名实体识别与链接联合求解。如果实体提及已给定或已利用外部命名实体识别系统预先识别，则通常包括三个重要步骤：候选实体生成、候选实体排序和判定空链接。图 5-11 给出了传统的命名实体链接框架。输入往往是源文档和给定的知识库；输出则为文档中的实体提及和在知识库中的无歧义实体 ID。

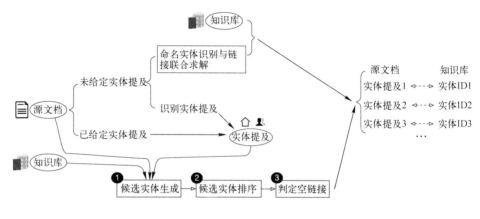

图 5-11　传统的命名实体链接框架

**1. 实体提及已知的命名实体链接方法**

实体提及已知的命名实体链接方法主要包括三个模块[152]：候选实体生成、候选实体排序和判定空链接。

（1）候选实体生成

一个知识库通常包括数量巨大的实体，如果对文档中的每一实体提及都与知识库中的所有实体进行链接判定，则势必会增加系统的复杂度，计算效率低。在实际的链接系统中，有效的方法是对每一实体提及 $m \in M$，并寻找一个最有可能的候选实体集合 $E_m$。常用的候选方法包括基于名称字典的生成方法、基于局部文档的表面形式扩展方法和基于搜索引擎的生成方法。

基于名称字典的生成方法通常利用 Wikipedia 来产生候选实体。Wikipedia 的页面结构提供了丰富的有用信息，如实体页面、重定向页面、消歧页面、首段加粗文本和超级链接。命名实体链接系统常利用这些信息来产生一个离线字典 $D$。该字典包含实体名字的各种变化信息，如缩写名、混淆名、拼写变化及昵称等。一些完全匹配和部分匹配的方法[153, 154]可以从 $D$ 中生成候选实体集合 $E_m$。

基于局部文档的表面形式扩展方法是利用实体出现的上下文对实体进行扩展。一种常用的方法是基于启发式的方法，如括号中的内容经常是实体的缩写，即 National Basketball Association（NBA）。这种方法经常不能识别一些不规则的缩写，如 CCP 为 Communist Party of China 的缩写。另一种方法是监督学习的方法，利用标注数据训练一个分类器来对实体进行扩展。

由于一些商业搜索引擎提供 API 供用户查询，因此可以从返回的页面中产生候选实体。例如，Han 和 Zhao[155]将实体及其上下文均提交到 Google 搜索引擎后，即可将返回的 Wikipedia 页面作为候选实体集。另外，Wikipedia 本身也提供了一个搜索引擎，当用户提交一个查询时，该引擎可返回所有与查询相关的实体页面。

（2）候选实体排序

命名实体链接通常从候选实体集合 $E_m$ 中选择一个最佳的候选实体作为待链实体的目标实体。候选实体集合 $E_m$ 通常是无序的，对其排序的方法大致可分为两大类：监督排序方法和无监督排序方法。

① 特征的选取。

将候选实体表示为特征向量是排序算法的基础。特征大致可分为两类：上下文独立特征和上下文依赖特征。上下文独立特征仅仅依赖待链实体提及本身的属性，与实体提及出现的上下文无关。上下文依赖特征不仅依赖实体提及的上下文，而且还与文中出现的其他实体有关。

常用上下文独立特征包括待链实体字符与知识图谱实体匹配信息[154]、待链实体类型[156]及实体流行度[157]。实体流行度刻画了实体提及的每一候选实体出现的先验概率。同一实体提及的不同候选实体有不同的实体流行度。例如，当提及 New York 时，代表 New York City 的意义比代表 New York（film）的意义更常见。对于实体提及 $m$ 及其候选实体 $e_i \in E_m$，实体流行度定义为

$$\mathrm{Pop}(e_i) = \frac{\mathrm{count}_m(e_i)}{\sum\limits_{e_j \in E_m} \mathrm{count}_m(e_j)} \tag{5-7}$$

式中，$\mathrm{count}_m(e_i)$ 表示指向实体 $e_i$ 的链接数（锚文本为 $m$）。

常用上下文依赖特征包括实体提及的文本上下文（Textual Context）和实体映射一致性（Coherence Between Mapping Entities）。文本上下文通常用词袋模型（Bag of Words）和概念向量（Concept Vector）来刻画。主题一致性（Topical Coherence）常用来刻画实体映射一致性。其基本假设是，如果许多维基百科页面同时链接两个维基百科实体，则认为这两个实体是语义相关的。给定两个维基百科实体 $u_1$ 和 $u_2$，则主题一致性定义为

$$\mathrm{Coh}(u_1, u_2) = 1 - \frac{\ln[\max(|U_1|, |U_2|)] - \ln(|U_1 \cap U_2|)}{\ln(|M|) - \ln[\min(|U_1|, |U_2|)]} \tag{5-8}$$

式中，$U_1$ 和 $U_2$ 分别代表链接 $u_1$ 和 $u_2$ 的维基百科页面集合；$M$ 表示维基百科中的所有页面集合。从式（5-8）中可以看出，两个实体共现的页面越多，单独出现的页面越少，主题一致性越高。另外，也有一些研究利用点互信息（Pointwise Mutual Information，PMI-like）[158] 和杰卡德距离（Jaccard Distance）[159] 来计算主题一致性。

② 监督排序方法。

监督排序方法利用标注数据学习一个排序函数。该函数能自动实现对候选实体集 $E_m$ 的排序。在命名实体链接任务中，标注数据通常是某一实体提及的所有候选实体在给定上下文中的排序列表。常用的排序方法包括二值分类方法、Learning to Rank 方法、基于概率生成模型的方法、基于图的方法和集成方法等。

二值分类方法是利用一个二值分类器（Binary Classifier）来判定实体提及 $m$ 的目标实体是否为候选实体 $e$。在训练数据中，如果 $m$ 表示候选实体 $e$，则标注为正例；否则，标注为负例。一些常用的分类器包括 SVM 分类器、二元 Logistic 分类器和 KNN 分类器等。虽然二值分类方法简单，但也面临一些缺陷。对于一个实体提及，往往正例只有一个，而负例有很多，可带来数据不平衡的问题。当一个实体提及有两个或多个候选实体标注为正例时，通常需要通过其他方法来挑选最有可能的目标实体，如基于置信度的方法。

Learning to Rank 方法源自信息检索领域，用来研究用户的查询与搜索引擎返回文档的匹配程度。在命名实体链接任务中，实体提及可被视为"查询"，候选实体可被视为"返回文档"。Learning to Rank 方法的一个主要优点是不仅可以考虑实体提及与所有候选实体之间的序列关系，而且可以考虑候选实体内部之间的关系。常用的 Learning to Rank 方法有三种[160]：Pointwise、Pairwise 和 Listwise。Ranking SVM 是在命名实体链接任务中采用最多的一种框架，属于 Pointwise 方法。在 Ranking SVM 框架下，假定 $e^m \in E_m$ 是实体提及 $m$ 的目标实体，则其命名实体链接得分 $\mathrm{Score}(e^m)$ 应该比任何其他具有一个间隔（Margin）候选实体 $e_i$ 链接的得分 $\mathrm{Score}(e_i)$ 都要高。其中，$e_i \in E_m$，$e_i \neq e^m$。对所有的候选实体，Ranking SVM 的线性约束可表示为

$$\forall m, \forall e_i \neq e^m \in E_m : \mathrm{Score}(e^m) - \mathrm{Score}(e_i) \geq 1 - \xi_{m,i} \tag{5-9}$$

联合式（5-9），在约束 $\xi_{m,i} \geq 0$ 下优化目标 $\|w\|_2^2 + C \sum_{m,i} \xi_{m,i}$。其中，$C$ 用来平衡间隔大小和训练误差。

基于概率生成模型方法的思想是首先建立样本的联合概率密度模型 $P(X,Y)$，然后求出条件概率分布 $P(Y|X)$，并进行预测。在命名实体链接任务中，基于概率生成模型的方法通常包含三个步骤[162]：首先，模型根据 $P(e)$ 选择实体 $e$；然后，根据 $P(s|e)$ 计算实体的查询名称 $s$；最后，根据 $P(c|e)$ 输出实体 $e$ 的上下文 $c$。给定实体提及 $m$，命名实体链接任务就是寻找

目标实体 $e$ 来最大化模型概率 $P(e \mid m)$，即

$$\arg\max_{e} \frac{P(m,e)}{P(m)} = \arg\max_{e} P(e)P(s \mid e)P(c \mid e) \qquad (5\text{-}10)$$

基于图的方法首先将文档中的实体提及与所有候选实体构建为图的结构，然后利用文档实体提及之间、候选实体之间、实体提及与候选实体之间的关联关系进行协同推理。例如，Han 等人[162]提出了 Referent Graph。该方法用图的结构捕捉"提及-实体"的局部相容性和"实体-实体"的语义相关性。Referent Graph 利用一种类似于主题敏感 Page Rank 的协同推理算法，得到文档内所有实体提及的目标实体。

集成方法（Model Combination 或 Ensemble Model）聚合不同命名实体链接模型的输出，并从输出中寻求一个最好的结果，也就是常说的"三个臭皮匠顶一个诸葛亮"的想法。其常用的选取策略包括多数投票及加权平均的方法。由于能有效克服单个命名实体链接模型的缺陷，因此集成方法在实际应用中变得越来越流行[163, 164]。

③ 无监督排序方法。

无监督排序方法的一个最大优点是不需要标注数据，常用的方法包括基于向量空间的方法和基于信息检索的方法。基于向量空间的方法首先计算实体提及向量与所有候选实体向量的相似度，然后根据相似度进行排序，并将获得最高相似度的候选实体作为目标实体。基于信息检索的方法将每个候选实体视为一个单独的文档并建立索引，将实体提及视为检索查询，并根据检索得分对候选实体进行排序。

（3）判定空链接

上述各种排序方法都将排序后候选实体 $E_m$ 的第一个候选实体 $e_{top}$ 作为链接的目标实体。实际中，由于一些实体提及的目标实体并不在所给的知识库中，因此必须通过空链接进行判定。通常有三种方法判定空链接。一种简单的方

法是对于实体提及 $m$，如果产生的候选实体 $E_m$ 为空，则将 $m$ 视为空链接，链接系统返回 NIL。第二种方法基于排序阈值的判定，经过排序后的第一个候选实体 $e_{top}$ 对应一个排序得分 $score_{top}$，如果 $score_{top}$ 小于一个 NIL 阈值 $\tau$，则将该实体提及判定为空链接。第三种为基于监督训练的方法，即给定一个实体提及、候选实体对 $<m, e_{top}>$，训练一个二值分类器来判定 $e_{top}$ 是否为 $m$ 的目标实体。

**2. 基于命名实体识别与链接联合求解的方法**

在上述方法中，当外部命名实体识别系统（如社交媒体数据）的性能较差时，如果以顺序的方式先识别后链接，那么命名实体识别的误差往往会传播到后续的命名实体链接。一些研究[105, 165, 166]将命名实体识别与链接联合求解。其核心思想是用一个模型同时捕捉命名实体识别与链接之间的相互依赖，达到同时改善两个任务性能的目的。例如，Ji 等人[105]提出了 JoRL 模型，利用集束搜索（Beam Search）技术在输出空间同时推断命名实体边界、命名实体类别和命名实体链接。基于推特数据的实验显示，相对于流水线模型，JoRL 模型使命名实体识别与链接的性能分别提升了约 8.4% 和 5.2%。

## 5.2.3　基于深度学习的命名实体链接方法

命名实体链接的关键问题是计算实体提及与候选实体的相似度。传统的非深度学习方法依赖各种人工设计的特征来进行候选实体的排序，可扩展性差，不易移植，需花费高昂的人力成本。这类方法通常仅仅考虑了文本表层特征，不能捕捉到存在文本内部的更深层语义信息。近年来，基于深度学习的方法不需要人工设计特征，在命名实体链接任务中逐渐占据主导地位。

基于深度学习的命名实体链接方法的研究主要集中在两个方面：①如何表示实体提及、实体上下文及候选实体；②如何在一个端到端的模型中对实体提及、实体上下文及候选实体三者的关系建模。

**1. 实体提及、实体上下文及候选实体的分布表示**

2013 年，He 等人[167]率先将深度神经网络用在命名实体链接中。他们用层叠降噪自动编码机（Stacked Denoising Autoencoder）以无监督的方式进行预训练，得到实体上下文及候选实体的分布表示。图 5-12 给出了层叠降噪自动编码机及其重建采样过程。假如输入向量为 $x$，自动编码与解码过程分别为 $h(x)$ 和 $g(h(x))$，训练目标是最小化重建误差 $\mathcal{L}(x,g(h(x)))$，$h(x)$ 被作为分布表示输入到后续网络进行微调（Fine-tune）。

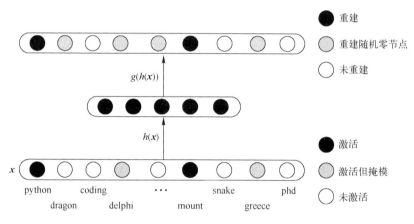

图 5-12　层叠降噪自动编码机及其重建采样过程

Sun 等人[168]利用卷积神经网络得到实体提及的上下文表示，对于实体提及和候选实体采用一种平均词向量的策略。Ganea 等人[169]借助 Google Word2vec 的思想为候选实体单独训练模型，得到候选实体的分布表示。一些研究[170, 171]在一个相同的连续空间联合学习单词和候选实体的分布表示。Huang 等人[172]利用知识库中的 4 类信息来表示候选实体 $e$：与 $e$ 相连的所有候选实体、与 $e$ 相连候选实体的关系、$e$ 的类别及 $e$ 的文本描述。5.1.4 节中一些输入的表示方法也常被用在命名实体链接中，如基于字符与单词的混合表示[173,174]。

**2. 基于深度学习的命名实体链接建模方法**

基于深度学习的命名实体链接建模方法常包括以下 5 大类：命名实体识别和链接联合模型、基于图卷积网络的模型、基于神经类型系统演化的模型、基于注意力机制的对联模型和基于深度强化学习的模型。

（1）命名实体识别和链接联合模型

针对命名实体识别和链接，Kolitsas 等人[174]提出一种端到端的联合求解模型。该模型的核心思想是将所有可能的文本片段（Spans）均视为潜在的实体提及，并学习它们与候选实体的相似性得分 Score$<\boldsymbol{x}_m, \boldsymbol{y}_j>$（$\boldsymbol{x}_m$ 代表可能实体提及 $m$ 的向量表示，$\boldsymbol{y}_j$ 代表候选实体 $e_j$ 的向量表示）。一个文档经常同时存在多个实体提及，利用一种全局打分策略可得到最终的相似性得分 $\Phi(e_j, m)$。命名实体识别和链接任务转化为一个二分类问题，即正例命名实体链接的相似性得分与负例命名实体链接的相似性得分是线性可分的。其训练目标函数为

$$\theta^* = \arg \min_\theta \sum_{m \in M} \sum_{e \in C(m)} V(\Phi_\theta(e, m)) + V(\text{Score}_\theta(e, m)) \qquad (5\text{-}11)$$

式中，$C(m)$ 代表 $m$ 的候选实体集；$V$ 代表惩罚因子，可表示〔以 Score$(e,m)$ 为例〕为

$$V(\text{Score}(e,m)) = \begin{cases} \max(0, \gamma - \text{Score}(e,m)), & \text{if}(e,m) \in \text{Gold Pair} \\ \max(0, \text{Score}(e,m)), & \text{otherwise} \end{cases} \qquad (5\text{-}12)$$

（2）基于图卷积网络的模型

Cao 等人[171]提出 NCEL（Neural Collective Entity Linking）模型。该模型利用图卷积网络（Graph Convolutional Network，GCN）来建模局部上下文（Local Context）和全局一致性（Global Coherence）信息。GCN 的本质目的就是用神经网络来提取拓扑图的空间特征，输入为拓扑图，输出为每个节点的表征信息。GCN 的主要思想是一个节点的表征可用拓扑图中直接相连的相邻

节点来增强，可表示为

$$H^{l+1} = \sigma(\widetilde{A}H^l W^l) \tag{5-13}$$

式中，$\widetilde{A}$ 为拓扑图的归一化邻接矩阵；$H^l$ 和 $W^l$ 是隐状态向量和第 $l$ 层的权值；$\sigma$ 为非线性激活函数，如 ReLU。给定实体提及 $m_i$，候选实体的特征表示为 $f$，候选实体子图表示为 $\widetilde{A}$，则 NCEL 的终级目的是寻找一个最优的分配，即

$$\Gamma(m_i) = \arg\max_{\hat{y}} P(\hat{y};f,\widetilde{A},\omega) \tag{5-14}$$

其中，$\hat{y}$ 为输出候选实体变量；$P(\cdot)$ 为概率函数，即

$$P(\hat{y};f,\widetilde{A},\omega) \propto \exp(F(f,\widetilde{A},\hat{y},\omega)) \tag{5-15}$$

式中，$F(f,\widetilde{A},\hat{y},\omega)$ 是在参数 $\omega$ 下的一个映射函数。NCEL 利用三个模块来获得 $F(\cdot)$：编码器、子图卷积网络和解码器，最终损失函数为

$$\mathcal{L}_m = -\sum_{j=1}^{n} y_j^g \ln(P(\hat{y}=e_j;f,\widetilde{A},\omega)) \tag{5-16}$$

（3）基于神经类型系统演化的模型

OpenAI 的 Raiman 等人提出了 Deep Type 模型[173]。该模型是一个由神经类型系统演化（Neural Type System Evolution）的多语言命名实体链接（Multilingual Entity Linking）模型。迄今为止（2019 年 5 月），该模型在 TAC KBP 2010 和 AIDA CoNLL-YAGO 数据集上实现了最佳性能，微精度（Micro-Precision）分别为 94.88% 和 90.85%。DeepType 模型包括两个重要模块：构建类型系统和利用类型系统进行命名实体链接。

Deep Type 模型定义了关系（Relation）、类型（Type）、类型轴（Type Axis）和类型系统（Type System）的概念。关系是一组可继承的规则，用于定义属于/不属于某个特定群组。例如 instance_of(city) 是一个关系。类型是由关系定义的一个类别，例如 IsHuman 是一个类型，适用于与 instance_of(human) 相连的所有实体。类型轴由一系列互斥关系组成，例如 IsHuman ∧ Is-

Plant =｛｝。类型系统由一系列类型轴，外加一个类型标签函数组成，例如一个两轴的类型系统为｛IsA，Topic｝，则此系统给 George Washington 分配类型｛Person，Politics｝。

候选实体可以依据类型系统 $\mathcal{A}$ 进行排序，对于一个在文档 $x$ 中的候选实体 $e$，其似然度可分解为类型系统与实体模型的级联，即

$$P(e\,|\,x)\propto P_{\text{type}}(\text{types}(e)\,|\,x)\cdot P_{\text{entity}}(e\,|\,x,\text{types}(e))\qquad(5\text{-}17)$$

令 $\theta$ 为类型系统和实体模型的参数，$S_{\text{model}}(\mathcal{A},\theta)$ 是在测试集

$$M=\left[(m_0,e_0^{\text{GT}},\varepsilon_{m_0}),\cdots,(m_n,e_n^{\text{GT}},\varepsilon_{m_n})\right]$$

中的消歧精度，其中 $e_i^{\text{GT}}$ 表示真实的实体，设 $\text{EntityScore}(e,m,D,\mathcal{A},\theta)$ 为文档 $D$ 中，实体提及 $m$ 与候选实体 $e$ 的得分，则命名实体链接的结果为

$$e^*=\arg\max_{e\in\varepsilon_m}\text{EntityScore}(e,m,D,\mathcal{A},\theta)\qquad(5\text{-}18)$$

如果 $e^*=e^{\text{GT}}$，则命名实体链接正确，目标函数可以表示为

$$\max_{\mathcal{A}}\max_{\theta}S_{\text{model}}(\mathcal{A},\theta)=\frac{\sum_{(m,e^{\text{GT}},\varepsilon_m)\in M}l_{e^{\text{GT}}}(e^*)}{|M|}\qquad(5\text{-}19)$$

式（5-19）虽然不能被精确求解，但可以通过两步（2-step）算法进行优化：类型系统的离散优化算法（Discrete Optimization of Type System）和类型预测的梯度下降算法（Gradient Descent Method of Tvde Classifier）。

（4）基于注意力机制的对联模型

Phan 等人[170]注意到存在的集成链接（Collective Linking）方法均假设同一文档中的所有命名实体都是相关的：一方面，在一个长的文档中经常涉及多个话题，假设往往站不住脚；另一方面，在进行一致性（Coherence）计算时，如果考虑文档中的所有命名实体，则势必会增加系统的计算量。基于这些考虑，Phan 等人提出了 NeuPL，即一种基于注意力（Attention）机制的对联（Pair-Linking）模型。NeuPL 包括两个模块：计算实体提及与候选实体的

语义相似度 $\phi(m,e)$ 模块和根据 $\phi(m,e)$ 及一致性候选实体对联模块。

对于语义相似度 $\phi(m,e)$ 模块，NeuPL 首先利用双向长短期记忆网络（Bi-LSTM）来编码实体提及的上下文，然后用注意力机制将候选实体的文本描述信息加入模型中，最后经过一个多层的感知机得到实体提及与候选实体之间的相似度 $\sigma(m_i,e_i)$。文档实体提及 $m_i$ 与候选实体 $e_i$ 的相似度可表示为

$$\phi(m_i,e_i)=(1-\alpha)\sigma(m_i,e_i)+\alpha P(e_i\mid m_i) \tag{5-20}$$

式中，$P(e_i\mid m_i)$ 为实体提及 $m_i$ 链接到候选实体 $e_i$ 的先验信息，一般根据维基百科超级链接统计得到；$\alpha$ 为平衡系数。

在对联模块中，NeuPL 基于假设：文档中的一个命名实体链接仅与另一个命名实体链接保持一致性。具体而言，实体提及 $m_i$ 链接到候选实体 $e_i$ 应与其支撑链接 $m_j$ 到 $e_j$ 保持一致性，链接 $m_i\mapsto e_i$ 与链接 $m_j\mapsto e_j$ 互为支撑链接的置信度得分，可表示为

$$\mathrm{conf}(i,j)=(1-\beta)\frac{\phi(m_i,e_i)+\phi(m_j,e_j)}{2}+\beta\psi(e_i,e_j) \tag{5-21}$$

其中，$\psi(e_i,e_j)$ 是候选实体 $e_i$ 与 $e_j$ 的向量余弦相似度；$\beta$ 用于控制局部相似度与对联一致性。

（5）基于深度强化学习的命名实体链接模型

Fang 等人[175]将命名实体链接问题视为一个序列决策问题，进而提出了 RLEL，即一种基于深度强化学习的命名实体链接模型。RLEL 包括三个模块：局部编码器（Local Encoder）、全局编码器（Global Encoder）和实体选择器（Entity Selector）。对于每一个实体提及 $m_t$ 及其候选实体 $e_t^i$，局部编码器均利用长短期记忆网络得到局部相似性 $\Phi(m_t,e_t^i)$。对于命名实体链接任务，正确的目标实体应该比其他任何候选实体都靠前排序。局部编码器的排序损失函数为

$$\mathcal{L}_{\mathrm{local}}=\max(0,\gamma-\Phi(m_t,e_t^+)+\Phi(m_t,e_t^-)) \tag{5-22}$$

全局编码器考虑了实体提及和目标实体之间的主题一致性。定义 $\boldsymbol{\Phi}_{\max}(m_i, e_i^a)$ 为最大局部相似性，可由 $\boldsymbol{\Phi}_{\max}(m_i, e_i^a)$ 对文档中的实体提及进行排序。如果 $\boldsymbol{\Phi}_{\max}(m_i, e_i^a) > \boldsymbol{\Phi}_{\max}(m_j, e_j^b)$，则将 $m_i$ 置于 $m_j$ 前，并将已排序的实体提及作为输入序列，输入到长短期记忆网络进行编码，得到实体提及的全局编码。全局编码器的损失函数定义为

$$\mathcal{L}_{\text{global}} = -\frac{1}{n}\sum_x \left[ y\ln y' + (1-y)\ln(1-y') \right] \tag{5-23}$$

式中，$y \in \{0,1\}$ 代表候选实体的标签，若一个候选实体是目标实体，则 $y=1$，否则 $y=0$；$y' \in \{0,1\}$ 代表模型输出。

基于局部编码器和全局编码器的输出，实体选择器从候选实体中选择实体提及的目标实体。每一个实体提及的选择都会影响后面实体提及的选择。此过程可用如下强化学习来建模。

状态（State）。目标实体的选择依赖当前状态信息。对于时刻 $t$，状态向量由四部分组成，即

$$\boldsymbol{S}_t = \boldsymbol{V}_{m_i}^t \oplus \boldsymbol{V}_{e_i}^t \oplus \boldsymbol{V}_{\text{feature}}^t \oplus \boldsymbol{V}_{e*}^{t-1} \tag{5-24}$$

式中，$\oplus$ 代表向量的拼接；$\boldsymbol{V}_{m_i}^t$ 和 $\boldsymbol{V}_{e_i}^t$ 分别表示实体提及 $m_i$ 与候选实体 $e_i$ 在 $t$ 时刻的分布表示；$\boldsymbol{V}_{\text{feature}}^t$ 表示一些人工设计的词汇和统计特征；$\boldsymbol{V}_{e*}^{t-1}$ 表示全局编码器在 $t-1$ 时刻的输出。

动作（Action）。在时刻 $t$，智能体（Agent）的动作 $a_t$ 定义为：为实体提及 $m_t$ 选择目标实体 $e_t^*$，动作状态空间为 $m_t$ 的整个候选实体集。

奖励（Reward）。智能体将奖励作为动作的反馈，并从中不断学习策略（Policy）。每一步当前的选择结果均会对后续决策产生长期影响（Long-term Impact），不能给每一个动作一个及时的奖励。因此，延迟奖励（Delay Reward）被用来反馈动作是否提升了整体性能，定义为

$$R(a_t) = p(a_t) \sum_{j=t}^{T} p(a_j) + [1 - p(a_t)][\sum_{j=t}^{T} p(a_j) + t - T] \qquad (5-25)$$

式中，$a_t$ 是当前动作；$p(a_t)$ 表示当前动作是否正确，正确时，$p(a_t) = 1$，否则 $p(a_t) = 0$；$\sum_{j=t}^{T} p(a_j)$ 和 $[\sum_{j=t}^{T} p(a_j) + t - T]$ 分别表示总的正确动作数和错误动作数。

策略网络（Policy Network）。强化学习是一种试错学习，在各种状态下，需要尽量尝试所有可以选择的动作，并最终获得环境和最优动作的映射关系，即策略。其中一个重要挑战是如何从动作空间选择一个动作。一种解决办法是利用神经网络去学习一个策略网络 $\pi_\Theta(a \mid s)$，输入为当前状态和先前决策，输出为在当前时刻所需要执行的动作。图 5-13 给出了 RLEL 模型策略网络的架构。

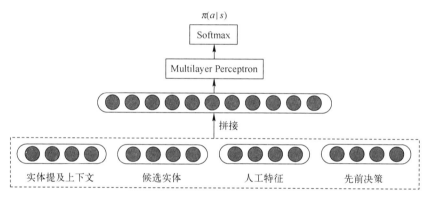

图 5-13　RCEL 模型策略网络的架构

## 5.3　命名实体关系抽取

### 5.3.1　任务概述

命名实体关系（Entity Relation）是自然语言文本中命名实体之间的语义

关系。其中，二元关系是两个命名实体之间的关系；多元关系①是三个及三个以上命名实体之间的关系。二元关系是最基础、最常用的命名实体关系。多元关系往往转化为二元关系进行处理。因此，本节将重点介绍二元关系的抽取。命名实体关系抽取可被形式化描述为一个三元组（Triple）关系的抽取，即<arg$_1$,relation,arg$_2$>。其中，arg$_1$ 和 arg$_2$ 分别代表命名实体；relation 代表命名实体之间的关系。对于限定领域，relation 通常是预先定义好的有限类别。对于开放领域，relation 往往是未预定义的。因此，relation 通常用一个单词或一个短语来描述。图 5-14 给出了一个命名实体关系抽取示例。图中，对于限定领域，founder 是已预定义的命名实体关系；对于开放领域，命名实体关系用短语 is the founder of 来描述。

命名实体关系已预定义
<Bill Gates, **founder**, Microsoft Corporation>

命名实体关系未预定义
<Bill Gates, **is the founder of**, Microsoft Corporation>

命名实体关系抽取

Bill Gates is the founder of Microsoft Corporation.

图 5-14　命名实体关系抽取示例

命名实体关系抽取的研究最早可追溯到 1998 年举行的 MUC-7。MUC-7 首次引入模板关系（Template Relation）任务，旨在识别命名实体之间的三种关系，即 Location_of、Employee_of 和 Product_of。MUC 在成功举办 7 届后于 1998 年停办。之后，自动内容抽取（Automatic Content Extraction，ACE）取代了 MUC。ACE 2002 正式定义关系识别与表征（Relation Detection and Characterization，RDC）任务。其中，命名实体关系包括 5 大类和 24 小类。ACE 2008 是 ACE 的最后一届。此时，命名实体关系共包括 6 大类和 17 小类，如图 5-15 所示。

---

① 多元关系又称高阶关系（Higher-order Relation）。

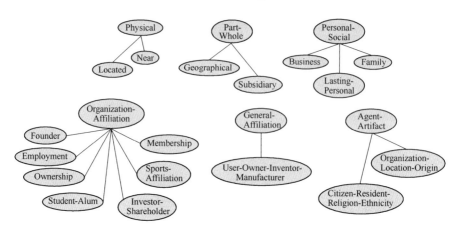

图5-15 ACE 2008 的命名实体关系（6 大类和 17 小类）

从 2009 年开始，ACE 被并入文本分析会议（Text Analysis Conference，TAC）。其命名关系抽取并入知识库构建（Knowledge Base Population，KBP）的槽填充（Slot Filling）任务中。相比 MUC 和 ACE，TAC-KBP 的命名实体关系类型更多。例如，TAC-KBP 2016，Person 关系类型包含 25 小类，Organization 关系类型包含 16 小类。另外一个比较有影响力的测评会议是 SemEval（Semantic Evaluation），自 1998 年到 2019 年共举办 12 届。SemEval 2007 的任务 4（Classification of Semantic Relations between Nominals）第一次引入命名实体关系抽取，包括 7 种关系类型和 1529 个标注数据。随后，SemEval 2010 的任务 8（Multi-Way Classification of Semantic Relations Between Pairs of Nominals）对命名实体关系进行了丰富和完善，命名实体关系类型达到了 9 种。SemEval 2010 数据已被广泛应用在各种命名实体关系抽取模型的性能对比中。

随着互联网的发展，传统的限定命名实体关系类型、限定领域的方法并不能胜任海量信息的抽取。开放式命名实体关系抽取不需要预先定义命名实体关系类型，可借助大型知识库（如 Wikipedia、YAGO 和 Freebase 等）所蕴含的大量事实型信息来缓解标注语料不足的问题。开放式命名实体关系可利用互联网开放语料直接进行命名实体关系抽取，在当前大数据时代已获得广泛关注。

虽然命名实体关系抽取近些年取得了卓有成效的进展，但仍需要进一步的研究。命名实体关系抽取主要面临如下挑战。

命名实体之间的关系经常隐式地表达在文本中。自由文本（Free Text）的表达没有固定的模式，命名实体关系也经常隐式地表达在这些自由文本中。例如，"In March 2018, Stephen Hawking has left us forever."隐式地表达了实体关系<Stephen Hawking, Died in, March 2018>。这些隐式的表达给命名实体关系抽取带来了一定的难度。

命名实体之间的关系存在多样化。多样化主要表现在两个方面：一是表达的多样化，即同一命名实体关系可由不同的方式表述；二是命名实体关系本身存在多样化，也就是一个表达中允许两个命名实体之间的多种关系存在，或者在不同的上下文，两个命名实体有不同的关系。

标注的命名实体关系类型有限。现有的训练数据都是在限定域内进行标注的，命名实体关系类型受限，且人工标注成本高。现有的监督方法往往要求用大量的样本来训练精确的模型。这对数据的质量和数量都提出了新的挑战。

开放语料存在较多噪声。为弥补标注数据少的缺陷，一些研究探讨了如何自动获得更多的训练数据，大多都基于所有包含两个命名实体的句子都潜在地表达同一种语义关系的假设，使获得的训练语料存在较多噪声。如何有效滤除标注噪声是一个很大的挑战。

## 5.3.2　传统的命名实体关系抽取方法

传统（非深度学习）的命名实体关系抽取大致可分为两大类：基于限定领域的命名实体关系抽取方法和开放式命名实体关系抽取方法。其中，基于限定领域的命名实体关系抽取方法又可分为五大类：基于规则模板的方法、基于无监督学习的方法、基于有监督学习的方法、基于半监督学习的方法和基于远程监督学习的方法。下面对各类方法进行简单介绍。

**1. 基于规则模板的方法**

基于规则模板方法的核心思想是，根据待处理语料涉及领域的不同，首先通过人工设计或机器学习的方法总结、归纳出相应命名实体关系规则或模板，然后采用模板匹配的方法进行命名实体关系抽取。例如，抽取 Is-A 关系的规则包括

$$X \text{ is a } Y$$

$$X \text{ or other } Y$$

$$Y \text{ such as } X$$

$$Y \text{ including } X$$

除了这些简单的规则，Reiss 等人[176]还提出了更为复杂的代数规则方法；Bollegala 等人[177]探讨了如何用对偶的方式学习模板。总体来说，基于规则模板的方法适用于一些垂直领域，准确度较高；由于规则覆盖率较低，因此系统的召回率也比较低；设计需要花费的人力成本较高，易出现规则冲突和重叠。

**2. 基于无监督学习的方法**

基于无监督学习的方法通常假设：拥有相同语义关系的命名实体对，它们的上下文信息较为相似，可以利用每一个命名实体对的上下文信息来描述语义关系，并对语义关系聚类。该方法的显著优点是不需要预先定义命名实体关系，且不需要标注数据。

2004 年，Hasegawa 等人[178]首次提出了基于 Complete-Linkage 算法的无监督命名实体关系抽取方法。该方法主要包括 5 个步骤：①识别语料库中的命名实体；②共享命名实体对挖掘及上下文信息存储；③上下文相似性计算；④根据③中的相似性对命名实体聚类；⑤为每一个聚类组分配关系类型。虽然一些研究者也探讨了其他聚类方法在命名实体关系抽取中的应用，包括 $K$

均值算法、密度聚类算法和联合聚类算法等，但是都难以确定合理的聚类阈值，所得到的结果都比较宽泛，类别解释性较差，需要大规模语料作为支持，特别是对一些低频命名实体的处理效果欠佳。

**3. 基于有监督学习的方法**

基于有监督学习的方法首先将命名实体关系抽取任务视为一个分类问题，然后在已标注好的数据上进行特征设计和选择，通过不同的机器学习算法来训练分类模型，最后用训练好的分类模型对测试数据的命名实体关系类型进行识别。根据对命名实体关系特征的表示不同，有监督学习的方法可分为两大类：基于特征工程的方法和基于核函数的方法。

（1）基于特征工程的方法

基于特征工程方法的一个显著特点是构造显性的特征空间，将命名实体关系实例转化为特征空间的特征向量，包括三个步骤：①特征设计；②模型训练；③模型预测。该方法的关键是寻找各个命名实体关系之间有区分度的特征，形成多维加权的特征向量，并采用合适的机器学习算法训练分类器。

对于特征设计，常用的一些特征包括关系实例的词汇、句法和语义特征等。例如，Kambhatla[179]利用词汇（Word）、实体类型（Entity Type）、实体提及（Mention Level）、重叠（Overlap）、依存树（Dependency）和句法树（Parse Tree）等 6 类特征来训练最大熵模型。在 6 类特征的基础上，Zhou 等人[180]又加入短语分块（Base Phrase Chunking）和语义资源（Semantic Resources）等特征，训练了一个基于支持向量机（SVM）的命名实体关系分类器。Jiang 等人[181]系统地研究了不同特征空间对命名实体关系抽取的影响。

（2）基于核函数的方法

基于特征工程的方法虽然易于实现，但需要花费大量的人力成本来设计特征，不适用于高维特征甚至无穷维度的情况。与基于特征工程的方法不同，基于核函数的方法不需要构造显性的特征空间，利用核函数即可计算两个关系实例的相似度。基于核函数的方法可以有效利用词序列、树、图等结构化信息，在高维空间隐式地计算对象之间的相似度。在命名实体关系抽取中，基于核函数的方法可以分为 5 大类：序列核（Sequence Kernel）[183]、句法树核（Syntactic Tree Kernel）[183-185]、依存树核（Dependency Tree Kernel）[186]、依存图路径核（Dependency Graph Path Kernel）[187]和复合核（Composite Kernels）[184,188]。虽然基于核函数的方法可以借助结构信息捕捉文本长距离特征，但是由于核函数的计算复杂度高，训练与测试速度较慢，因此很难用于处理大规模语料上的命名实体关系抽取。

### 4. 基于半监督学习的方法

基于监督学习的方法需要大量的标注数据，但在现实中经常只有极少量的标注数据和大量的无标注数据。基于半监督学习的方法尝试将大量的无标注数据加入到有限的标注数据中一起进行学习，期望能有效地减少对标注语料的依赖，高效地利用未标注数据。基于半监督学习的关系抽取可分为 3 类：自举法（Bootstrapping）、基于主动学习的方法（Active Learning）和基于标签传播的方法（Label Propagation）。

自举法的主要思想是，首先将由人工构造少量的关系实例作为初始种子集合，然后通过模式学习的方法，迭代地扩展初始关系实例集合。例如，给定命名实体关系 Captial_of 的三个种子<Beijing, Captial_of, China>、<New Delhi, Captial_of, India>和<London, Captial_of, England>，自举法通过模式扩展，期望抽取具有相同关系的命名实体对，如<Paris, Captial_of, France>。一些典型的基于自举法的系统包括 DIPRE[189]和 Snowball[190]。

基于主动学习方法的核心思想是通过一些选择策略挑选出当前模型认为最难区分的数据进行标注。Sun 等人[191]基于主动学习提出了 LGCo-Testing 系统。该系统利用 Co-testing[192]策略将关系实例划分为不相关（Uncorrelated）或兼容（Compatible）的视图，有效地减少了命名实体关系的标注。Fu 等人[193]又进一步提升了 LGCo-Testing 的效率。Zhang 等人[194]还探讨了主动学习在生物医学关系提取中的统一建模。

标签传播的方法[195]是图的半监督学习方法。其核心思想是，相似的数据应该具有相同的标签，在迭代过程中，每个节点的标签均按相似度传播给相邻节点，在一个节点的相邻节点的标签中，数量最多的标签作为该节点自身的标签。Chen 等人[196]将每个关系实例均表示为图中的一个节点，并利用 Jensen-Shannon 计算关系实例的相似度，率先将基于标签传播的方法应用在命名实体关系抽取中。

### 5. 基于远程监督学习的方法

远程监督（Distant Supervision）[197]的核心思想是，将知识库与非结构化文本对齐来自动构建大量关系抽取训练数据，有效减少对人工标注数据的依赖。远程监督基于如下假设：两个实体如果在知识库中存在某一种关系，那么包含该两个实体的非结构化句子都表达了这种关系。图 5-16 给出了一个远程监督假设示例。图中，三个句子都提及了实体 Bill Gates 和 Microsoft Corporation，假设都描述了知识库中的关系<Bill Gates，founder，Microsoft Corporation>。

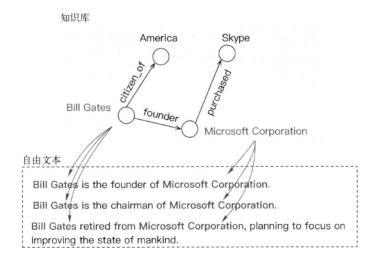

图 5-16　远程监督假设示例

Mintz 等人[197]率先将远程监督应用在命名实体关系抽取中，特别是对于 Freebase 中某一命名实体关系，将远程监督找到的句子全部当作正例，随机选取 Freebase 以外的关系实例全部当作负例，由此训练了一个逻辑回归分类器。实验显示，该方法共抽取了 102 种命名实体关系的 10000 个关系实例，精度达到 67.6%。Riedel 等人[198]注意到远程监督的假设太严格，认为两个实体同时出现的句子不一定都表达了同一实体关系。针对这一问题，他们将远程监督的假设修改为：两个实体如果在知识库中存在某一种关系，那么在包含该两个实体的非结构化句子中，至少有一个句子表达了这种关系。在此假设基础上，他们利用无向图模型 Factor Graph 来预测实体关系，与 Mintz 等人提出的方法相比，错误率减少了 31%。基于远程监督学习的方法由于不需要人工标注数据，又能利用监督学习的算法，因此一经提出便吸引了众多研究者的关注，一直是命名实体关系抽取中的研究热点，且一些改进方法[199~203]不断涌现。

**6. 开放式命名实体关系抽取方法**

见图 5-14，开放式命名实体关系抽取的最大特点是不需要预定义命名实体关系类型，仅用命名实体上下文的词或短语来描述即可。随着互联网的迅速发展，开放式命名实体关系抽取受到了越来越多的关注，一些典型的开放式命名实体关系抽取系统包括 TextRunner[204]、Kylin[205]、StatSnowball[206]、WOE[207]、ReVerb[208]、OLLIE[209]、Stanford OpenIE[210]、NESTIE[211]、MinIE[212] 和 Graphene[213]等。下面对 Text Runner 和 Graphene 进行简要介绍。

2007 年，Banko 等人[204]首次提出了基于开放式信息（Open Information Extraction，Open IE）思路的命名实体关系抽取系统 Text Runner。该系统包括三个模块。①自监督分类器（Self-supervised Learner），首先利用一些启发式规则，自动生成三元组 $t=(e_i, r_{i,j}, e_j)$。其中，$e_i$ 和 $e_j$ 为可能的实体；$r_{i,j}$ 为两个实体之间的动词或动词短语。如果 $e_i$ 和 $e_j$ 满足预定义的句法结构，那么将 $t$ 标注为正例，否则标注为负例。然后利用自动生成的数据训练一个朴素贝叶斯分类器（Naive Bayes Classifier）。②单通道抽取器（Single Pass Extractor），可对大规模的语料进行单轮遍历，抽取所有关系的三元组，并用上一步训练的分类器进行判决，如果输出结果为真，那么将抽取的三元组存储起来。③基于冗余的评估器（Redundancy-based Assessor），在前面的抽取过程中，Text Runner 进行了关系的归一化，例如 was originally developed by 被归一化为 was developed by。这可能带来噪声。因此，评估器利用数据的冗余性对三元组在语料中出现的次数进行统计，进而用概率模型计算出三元组的可信度。

2018 年，Cetto 等人[213] 提出了 Graphene①。Graphene 用一个层次结构增强了关系三元组信息，并将句子的修辞关系（Rhetorical Relation）纳入关系建模，所得到的关系不仅有通常的三元组表示，而且带有三元组的上下文信息，例如句子 "If he wins five key states, Republican candidate Mitt Romney will be elected President in 2008."，Graphene 输出如下三个关系实例，即

```
#1    CORE <Mitt Romney, will be elected, President>
      CONTEXT:NOUN_BASED   Mitt Romney was a republican candidate.
      CONTEXT:TEMPORAL     in 2008.
      CONTEXT:CONDITION    #3
      CONTEXT:NOUN_BASED #2
#2    CORE <Mitt Romney, was, a republican candidate>
#3    CONTEXT <he, wins, five key states>
```

### 5.3.3　基于深度学习的命名实体关系抽取方法

传统（非深度学习）的命名实体关系抽取方法需要人工干预（如设计规则或特征空间），会带来误差累积传播问题，极大地影响了命名实体关系抽取性能。近年来，随着深度学习的飞速发展，基于深度学习的命名实体关系抽取方法能自动学习句子中的深层语义，容易实现端到端的抽取，已逐渐占据

①　参见 https://github.com/Lambda-3/Graphene。

主导地位。基于深度学习的命名实体关系抽取方法可分为三大类：有监督命名实体关系抽取、远程监督命名实体关系抽取及命名实体识别与关系抽取联合学习。

**1. 基于深度学习的有监督命名实体关系抽取方法**

该方法首先将抽取问题视为一个分类问题，然后利用标注数据进行模型训练。其常用的数据集包括 SemEval 2010 Task 8[214] 和 TACRED[215]。该方法大致可分为两大类：基于卷积神经网络的命名实体关系抽取方法和基于循环神经网络的命名实体关系抽取方法。

（1）基于卷积神经网络的命名实体关系抽取方法

2013 年，Liu 等人[216]首次将卷积神经网络（Convolutional Neural Network，CNN）应用在命名实体关系抽取中，首先用同义词词典（Synonym Dictionary）来对词进行 One-hot 表示，然后用一个查找表（Look up Table）层将每个 One-hot 表示都转换为一个低维向量作为 CNN 的输入。Liu 等人引入的 CNN 结构比较简单，没有池化（Pooling）层，而是拼接了所有卷积操作后的特征向量。2014 年，Zeng 等人[217]将词的预训练表征和位置表征（Position Embeddings）作为输入，利用 CNN 得到句子级别的表征，并将一些词特征（Lexical Features）和句子级别的表征拼接在一起，输入到一个全连接层和 Softmax 层实现对命名实体关系的分类。相比 Liu 等人的简单卷积网络，Zeng 等人的卷积网络更加完善，包含 Max Pooling 层和 tanh 激活函数。在 Zeng 等人提出的模型基础上，一些改进模型不断涌现。例如，Nguyen 等人[218]引入多尺寸卷积核，可提取更多的 N-Gram 特征；Santos 等人[219]将交叉熵（Cross-Entropy）损失函数扩展到基于学习排序的损失函数；Xu 等人[220]将负采样（Negative Sampling）引入基于 CNN 的关系分类。

在命名实体关系抽取任务中，一些研究也将注意力（Attention）机制引入卷积神经网络。其主要目的是从众多信息中选择对当前关系抽取更关键的信息。Wang 等人[221]提出两层 Attention 机制来捕捉句子中对关系分类更有贡献的信息。第一层 Attention 是在输入层实现的，其目的是捕捉句子中与两个实体更相关的成分。第二层 Attention 是在池化层实现的，采用 Attention-based Pooling 而不是常规的 Max Pooling，其目的是有效减少 Pooling 层的信息丢失，并加强卷积操作后相关性强的信息的权重。迄今为止（2019 年 5 月），Wang 等人的方法在 SemEval-2010 Task 8 关系抽取任务中达到了最佳性能，F1＝88.0%。此外，一些典型结合 CNN 和注意力机制的研究包括 Shen 等人[222]提出的基于 Attention 上下文选择方法、Zhu 等人[223]提出的目标集中 Attention（Target-Concentrated Attention）机制和 Lin 等人[224]提出的跨语言 Attention 机制。

近年来，随着图神经网络的发展，一些研究也探讨了图卷积网络（Graph Convolu-tional Network，GCN）在命名实体关系抽取中的应用。Zhang 等人[225]用图卷积网络来编码依存树结构信息，利用路径修剪（Path-centric Pruning）技术去除依存树上的不相关信息，有效地提升了关系抽取性能。Zhu 等人[226]只用实体建立全连接图，用图神经网络来学习命名实体关系的传播。Sahu 等人[227]研究了基于文档级别的图卷积网络在跨句子关系抽取（Inter-sentence Relation Extraction）中的应用。

（2）基于循环神经网络的命名实体关系抽取方法

2015 年，一些研究者开始尝试利用循环神经网络（Recurrent Neural Network，RNN）进行命名实体关系抽取。Xu 等人[228]结合最短依存路径（Shortest Dependency Path，SDP）和长短期记忆网络提出了 SDP-LSTM 模型。该模型利用 SDP 保留两个实体之间对关系分类最相关的信息，滤除其他不相关的噪声信息。例如，图 5-17（a）的箭头显示了 water 与 region 之间的最短路径，利用一个多通道 LSTM 网络聚合各种语言学信息（Linguistic Information），实现了对命名实体关系的分类。SDP-LSTM 模型结构如图 5-17（b）所示。在 SDP-LSTM 模型的基础上，一些研究者[229-231]又探讨了双向 LSTM 在命名实体关系抽取中的应用。

2016 年，一些研究者开始将注意力（Attention）机制与循环神经网络结合，进一步提升了命名实体关系抽取的性能。例如，Zhou 和 Xiao 等人[232,233]首先利用 Attention 将输入序列的 LSTM 隐状态聚合成一个固定维数的句子向量，然后利用此句子向量进行命名实体关系分类，特别是经 Attention 得到的句子向量，能够捕捉输入序列中对关系分类起重要作用的成分。Lee 等人[234]提出一种实体感知（Entity-aware）的 Attention 来有效利用实体对本身的信息。

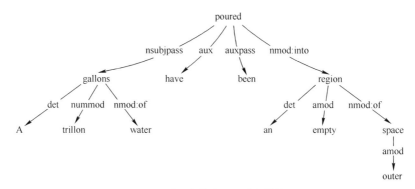

（a）SDP-LSTM模型中基于句法依存树的最短路径示意

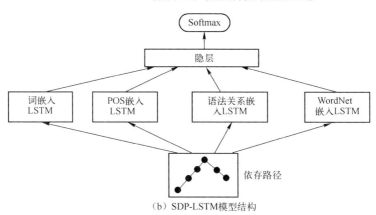

（b）SDP-LSTM模型结构

图 5-17　SDP-LSTM[228] 系统架构

此外，Cai 和 Rotsatejn 等人[235,236]联合 CNN 与 RNN 建模，探讨在关系抽取中的应用。Peng 和 Song 等人[237,238]将图（Graph）与 LSTM 结合，探讨在多元（N-ary）关系抽取中的应用。

**2. 基于深度学习的远程监督命名实体关系抽取方法**

正如 5.3.2 节所述，虽然基于远程监督可以自动标注大量的训练数据，但最大的缺陷是会引入很多噪声数据。随着深度学习的崛起，基于深度学习的远程监督命名实体关系抽取方法也得到了迅速发展。其研究主要聚焦在以下两个方面：一个方面是如何利用深度学习模型有效地自动提取关系实例的特征；另一个方面是如何有效地缓解噪声数据对关系抽取模型的影响。最常用的远程监督命名实体关系抽取数据集是 New York Times Corpus①。该数据集是由 New York Times 新闻语料对齐到 Freebase 知识库中的关系而获得的。

　　2015 年，Zeng 等人[239]提出 PCNN（Piecewise Convolutional Neural Network）模型，率先将深度学习应用在远程监督命名实体关系抽取中。与传统的卷积神经模型不同，PCNN 并没有采取全局的 Max Pooling 策略，而是首先根据两个实体提及的位置将一个句子分为三段，然后对每段进行 Max Pooling。这种分段策略能缓解单一 Pooling 中隐藏层大小减小太快的问题，同时也能保留更丰富的特征信息。PCNN 采用多示例学习（Multi-instance Learning）处理噪声数据。对于给定的两个实体，包括由两个实体的所有句子组成一个集合，被称为包（Bag）。包中的句子被称为示例（Instance）。多示例学习的训练目标为包级别，而不是示例级别。也就是说，如果一个包中至少有一个句子的关系标注是正确的，那么将此包标注为正例，否则标注为负例。在预测阶段，可用正例包中置信度最高的句子关系表示整个包。2016 年，Lin 等人[240]认为 PCNN 中 At-Least-One 的假设并不能充分利用包中所有句子的信息，因为一个包可能有很多个正确标注，因此提出了选择性注意力机制（Selective Attention over Instances），其目的是动态地增加正确标注示例的权重，减小噪声标注示例的权重。在 Zeng 和 Lin 研究的基础上，一些研究者也提出了改进的模型。例如，Jiang 等人[241]对包中的句子进行跨句子池化（Cross-sentence Max Pooling）；Ji 等人[242]利用实体的描述信息及句子级别计算 Attention 权值；Feng 等人[243]将记忆网络（Memory Network）引入 Attention；Luo 等人[244]引入课程学习（Curriculum Learning）来降低噪声；Huang 等人[245]探讨了深度

---

① 参见 http://iesl.cs.umass.edu/riedel/ecml/。

残差网络（Deep Residual Network）在远程监督命名实体关系抽取中的应用。特别是，Ye 等人[246]在模型中利用两层 Attention，即一层是包中句子级别的 Attention，另一层是不同包之间的 Attention。到目前为止（2019 年 5 月），该方法在 New York Times Corpus 语料集上获得了最佳性能，$P@10=78.9\%$，$P@30=62.4\%$。

基于 PCNN 的方法大多采用 Attention 机制或多示例学习来降低标注数据的噪声。近年来，一些研究者[247-251]将噪声的滤除过程建模成序列决策（Sequential Decision）问题，并应用深度强化学习求解一个最优策略（Policy Learning）。例如，Qin 等人[247]利用深度强化学习框架实现了动态识别数据中的假正例（False Positive），并将这些假正例从正数据集中移到负数据集中。Feng 等人[249]提出了一个基于深度强化学习的关系分类方法。该方法包括两个模块：①示例选择器（Instance Selector），利用强化学习从包中选择高质量的句子作为训练数据；②关系分类器（Relation Classifier），用来进行关系分类并提供反馈给示例选择器以便选择更高质量的训练数据。图 5-18 给出了基于深度强化学习的关系分类。

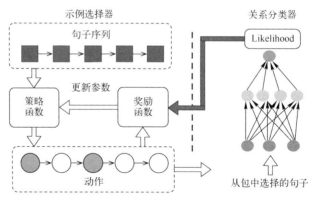

图 5-18　基于深度强化学习的关系分类[249]

### 3. 基于深度学习的命名实体识别与关系抽取联合学习的方法

上面介绍的命名实体关系抽取方法大多假设实体提及已给定，或者已利用外部命名实体识别工具进行识别。这样虽然可以简化问题，但会造成命名实体识别中的错误累积传播到下游的命名实体关系抽取任务中。一些研究[116,252-257]已将命名实体识别与关系抽取联合建模，其目的是探索两个子任务之间的关系依赖，减少错误累积传播。例如，Miwa 等人[252]首次利用神经网络进行实体和关系联合抽取。其模型主要包括三层：表示层（Embedding Layer）用词向量、词性标签、依赖类型和实体标签作为词的特征表示；序列层（Sequence Layer）用 Bi-LSTM 来识别实体；依存层（Dependency Layer）首先采用 Bi-TreeLSTM 在依赖树中找到两个目标实体的最短路径，然后通过 Softmax 输出它们之间的关系。特别是在 Miwa 等人提出的模型中，表示层的参数在命名实体识别任务与关系抽取任务中共享，在训练时，这两个子任务都会通过后向传播算法来更新共享参数，从而实现任务之间的依赖。Katiyar 等人[253]又提出了一个完全基于预训练词向量的联合模型。相比 Miwa 等人提出的模型，该模型不需要词性标签和依赖树等信息。Ren 等人[256]基于远程监督提出了联合模型 COTYPE。该模型首先利用数据驱动的方法生成实体提及候选集，然后将关系指代和实体提及分别与文本特征、类型等嵌入到两个向量空间，最后得到实体和关系的类别。

不同于上述基于两个子任务联合训练的方法，Zheng 等人[258]将识别命名实体与抽取关系这两个任务视为一个新的标注（Tagging）任务，利用双向 LSTM 进行上下文编码，利用单向 LSTM 进行标签解码，一次性得到关系三元组。图 5-19 给出了命名实体识别与关系抽取统一标注系统。图中，标签中的字母 B、I、O、E、S 分别代表 Begin、Inside、Other、End 和 Single；1 和 2 分别代表当前词属于三元组的第一个实体和第二个实体。此外，Wang 等人[259]探讨了图网络在联合学习中的应用。Feng[260] 和 Liu[261] 等人探讨了深度强化模型在命名实体识别与关系抽取联合求解中的应用。

Takanobu 等人[251]利用一个层次结构的强化学习框架增强了实体提及识别与实体关系判定这两个任务之间的交互，并有效地处理了一个实体对应多个实体关系的情形，如图 5-20 所示。整个模型被分为两个层次的强化学习策略：

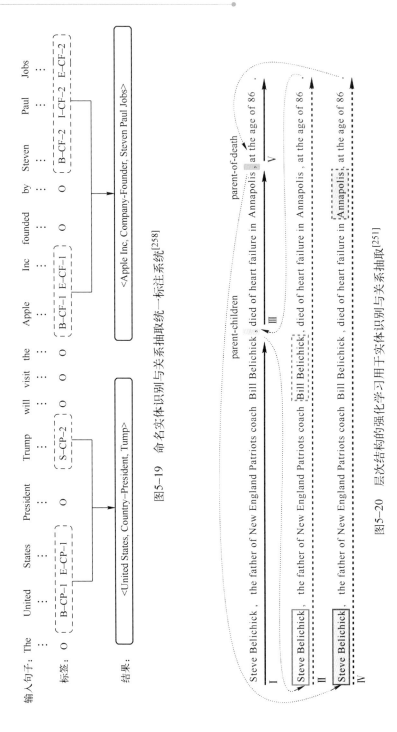

图5-19 命名实体识别与关系抽取统一标注系统[258]

图5-20 层次结构的强化学习用于实体识别与关系抽取[251]

高层次的关系识别器和低层次的实体抽取器。其交互过程可以描述为：Ⅰ，给定一个句子，高层次的关系识别器首先从头到尾检测句子当前位置是否包含某一关系（例如在当前位置","）；Ⅱ，如果某一关系被检测出来（例如关系 parent-children），那么低层次的实体抽取器被触发，检测出该关系下的实体（例如实体 Steve Belichick 和实体 Bill Belichick）；Ⅲ，高层次的关系识别器继续扫描句子的剩余部分，并寻找下一个关系（例如关系 place-of-death）；Ⅳ，低层次的实体抽取器再次被触发，检测出该关系下的实体（例如实体 Steve Belichick 和实体 Annapolis）；Ⅴ，高层次的关系识别器继续扫描句子的剩余部分，直到结束。

## 5.4　本章小结

命名实体识别、命名实体链接和命名实体关系抽取是构建知识库的关键技术，具有重要的基础研究意义和广阔的应用前景。本章对这三个重要任务进行了介绍：首先介绍了什么是命名实体，概述了命名实体识别任务，并对常用命名实体识别数据集、现有的工具和任务难点进行了总结；其次略述了传统的命名实体识别方法（包括基于词典与规则的方法、基于无监督机器学习的方法和基于特征工程的有监督机器学习方法），详述了近年来占主导地位的基于深度学习的前沿方法（包括输入的分布表示、上下文编码和标签解码），总结了当前命名实体识别研究的新模型及新思路；再次，概述了命名实体链接任务，介绍了传统的命名实体链接方法和基于深度学习的命名实体链接方法；最后，概述了命名实体关系抽取任务，从 6 个维度介绍传统的命名实体关系抽取，并从 3 个维度总结了基于深度学习的命名实体关系抽取前沿技术。

# 第 **6** 章

# 知识推理

知识推理是知识工程的重要组成部分，是在已有知识图谱的基础上进一步挖掘隐含的知识和规则，可丰富和扩展知识库。本章首先介绍知识推理的一般概念，简要描述传统的基于符号的知识推理，然后介绍当前流行的知识图谱推理方法，包括基于随机游走的路径排序算法、基于增强学习的路径推理及基于深度神经网络的路径推理。

## 6.1 什么是知识推理

推理是人类思维的重要活动之一，是以若干已知的事实为前提得到新结论的行为。知识推理是知识图谱的重要组成部分，是知识图谱的灵魂之一。通过知识推理可以获得新的知识，产生新的智能行动，从而可以作为许多人工智能应用的基础。没有知识推理，知识图谱就是静态的；有了知识推理，知识图谱就是动态的、智能的。知识推理技术随着知识图谱的规模、表示方法及应用的变化而不断进步。知识推理从已有的知识图谱出发，即由知识图谱的结构（Schema）、概念（Concept）、关系（Relation）、实体（Entity）和三元组（Triple）推断出新的事实，给出新的实体与实体之间的关系，或者识别出错误的实体之间的关系[262]。对于大规模的知识图谱应用来说，知识推理主要包括两个方面的内容：知识图谱补全（Knowledge Graph Completion）[56,263-265]和知识图谱去噪（Knowledge Graph Cleaning）[266-268]。其中，知识图谱补全又可以分为两种常见的任务：链接预测（Link Prediction）[54,62,269,270]和实体预测（Entity Prediction）[53,266,271]。链接预测是对于一个三元组$<h,r,t>$来说的，给定头、尾实体 $h$ 和 $t$，预测它们之间的关系 $r$；实体预测是给定 $h$ 和 $r$，预测新的实体 $t$。通过知识图谱补全，可以丰富知识图谱的内容，获得更多的未捕捉信息。知识图谱去噪用于判定一个事实或一个三元组是否正确，是否与整个知识图谱在逻辑上有一致性（Consistency），从而达到减少知识图谱中错误的目的。知识推理随人工智能的发展具有很长的历史过程。传统的知识推理方法是基于符号的推理，一般基于经典逻辑（一阶谓词逻辑或命题逻辑）或经典逻辑的变异（模糊逻辑、默认逻辑等）。基于符号的知识推理可以根据一个已有的知识图谱，利用逻辑规则（前后项），推理出新的实体之间的关系，并对已有的事实进行逻辑冲突检测。传统的知识推理往往受制于逻辑的表达能力和推理的规模，虽然近些年在知识推理分布式计算上有比较大的发展，但还不是主要的研究热点。

随着知识图谱的规模越来越大，特别是人工智能应用对知识图谱的要求，知识推理的热点研究主要集中于基于统计的知识推理方法。其基本思路是，以一定数量的三元组关系数据作为训练集，训练集的样本就是知识图谱中的特定三元组集合（可能包含负例），通过统计机器学习的算法得到知识图谱空间的统计模型，再通过该模型给测试三元组的关系打分，从而获得一个评分排名并做出判断。

基于统计的知识推理方法可以分为单步推理和多步推理。单步推理是用直接关系，即知识图谱中的事实三元组进行学习和推理的，实际上，通过前述的分布式知识表示，利用定义在知识图谱嵌入式向量空间中实体和关系上的运算（无论是基于转移、基于张量分解，还是基于空间分布的表示），可以直接判定一个三元组是否实际存在或是否能够对多个三元组成立的置信度进行打分排序；同样，用神经元网络的知识表示（NTN）也可以进行类似的知识图谱补全和知识图谱去噪推理计算[50,272]。对基于分布表示的知识推理方法，由于其基本思想是基于隐藏因子模型的，因此自由度高，不用对关系和实体进行太多的限制，比较容易和深度网络学习结合，效率比较高，可操作性强。基于分布表示的知识推理方法也是一种单纯的数据驱动方法，缺乏人工知识的指导，准确率不会太高，推理结果也往往不具有可解释性。

多步推理在单步推理的基础上，进一步考虑实体之间的间接关系，通常是由多个单步推理组成的。其重点是可以归纳出具有语义意义的逻辑子句规则，通过规则可以进一步对知识图谱进行推理验证，即在实际建模中，把知识图谱看成节点与边的图的结构，通过寻找头、尾相接的最优路径获得两个相距较远的实体之间的联系，并以此为基础引入新的关系。多步推理由于考虑了更多节点与边的信息，因此可以获得更高层的规则知识（关系和关系之间的关系）。这些都是单步推理所不具备的，也是当前知识推理的主要研究热点。

本章首先对传统的基于符号的知识推理进行简单的介绍，然后根据不同的建模方式介绍多步推理。

## 6.2　基于符号的知识推理

基于符号的知识推理有基于本体的知识推理和基于规则的知识推理，包括概念的定义和分类及概念中实例的推断等推理。基于规则的知识推理考虑的是将规则应用于知识图谱、实现知识图谱新的关系推断及基于知识图谱的决策支持。由于知识的复杂性，为了使知识网络可以满足高效推理的形式化计算要求，必须对知识表示和知识计算进行规范，使知识推理能够容易处理（Tractable）。这些针对概念、概念之间的关系、实体与概念之间的关系、实体之间关系的语言被称为描述逻辑（Description Logic，DL），可以在其基础上开发一些商用化的语义网络系统。例如，W3C 提出的 OWL-DL，即是这种语义网络系统的标准化描述[273]。基于符号的知识推理主要通过传统的 horn 子句和谓词逻辑进行推理，由于推理空间巨大，因此在面临大规模的数据时往往面对严重的组合爆炸，导致性能太差。OWL 本体语言是知识图谱中最规范（由 W3C 制定）、最严谨（采用描述逻辑）和表达能力最强的语言（一阶谓词逻辑的子集），基于 RDF 语法，使表示出来的文档具有语义理解的结构基础，可促进统一词汇表的使用、定义丰富的语义词汇及允许逻辑推理[274]。

目前，基于描述逻辑推理机的优化主要是使推理可以并行化：在单机环境下的多线程并行和利用 GPU 并行；在机器集群上采用 map-reduce 计算框架和 Peer-to-Peer 等实现并行。无论如何变化，描述逻辑（DL）作为符号推理的核心是不会改变的。

描述逻辑是一种对于知识的形式化表示，主要建立在概念和关系之上，是一阶谓词逻辑的一个可以判定的子集：一方面具有比较强的表达能力，可以刻画世界存在的许多关系；另一方面是可以计算和判定的，总可以保证推理算法能够终止[275]。

一个描述逻辑主要包含如下部分。

① 概念和关系的元构造定义。

② TBox（Terminology Box）是描述领域结构的公理集合，包含概念的定义和公理，通俗地说，就是关于类的定义，例如

$Man = Humanu \sqcap Male$

$Happy\text{-}Father = Human \sqcap \exists Has\text{-}Child. Female \sqcap \exists Has\text{-}Child. Male$

TBox 用一元谓词表示类，如 $x \mid Student(x)$，也可以用二元谓词声明包含关系的公理，如 $<x,y> \mid Friend(x,y)$。

③ ABox（Assertion Box）是实体的公理集合，包含概念断言和关系断言，定义了实体所属类别和实体之间的关系。所谓概念断言，就是表示一个实体 $a$ 是否属于某个概念 $C$，用 $a:C$ 或 $C(a)$ 来表示，例如

John：Happy-father，表示 John 属于 Happy-Father 类；

<John，Mary>：Has-Child，表示 John 有孩子 Mary。

④ TBox 和 ABox 的推理机制是一个基于 DL 的知识库 K，K=TBox+ABox。在 K 中定义了相应的构造算子和推理规则。

所谓构造算子，就是定义在知识库 KB 上的运算，可以在简单的概念和关系上构造出复杂的概念和关系，包含合取、析取、非、存在量词和全程量词等。更复杂的构造算子还有数量约束、逆和传递闭包等。最简单的 DL 为 ALC（Attributive Concept Language With Complements，在行业应用中简称为 ALC），只包含最基本的构造算子。在描述世界复杂关系的时候，通常需要增强属性的描述能力，所以需要更多的构造算子来构造复杂的对象，例如 SHI：

S 在 ALC 的基础上允许部分属性具有传递性；

H 属性包含公理（某属性是另一个属性的子集）；

I 为逆属性。

如果在 SHI 的基础上再添加数量限制、函数约束或定性数量约束，就有了 SHIN、SHIF 和 SHIQ 等更加复杂、表达能力更强的描述逻辑。

DL 的推理任务主要用于进行一致性检测和可满足性验证。所谓一致性检测，即检测概念 C 是否为空，或者检测 K 中是否存在矛盾。可满足性验证，就是检测某个概念是否存在合理的解释，是否可被满足。针对不同的应用场景，DL 的推理任务有不同的推理方法与工具：

基于本体的推理方法最常见的是 Tableaux 运算、基于逻辑编程改写的方法及基于产生式规则的方法等。Tableaux 运算的本质是一阶逻辑归结法，用于检测知识库的可满足性和某个实例的一致性，是知识库本体推理最基础的方法[276]。

基于逻辑编程改写的方法在本体推理方法的基础上，引入规则推理，支持用户根据特殊的场景自定义规则；通过引入 Datalog 语言，定义原子、规则和事实，支持规则的前后项推理[277]。

基于产生式规则的方法是一种前向推理系统，按照某些机制执行规则达到目标，是专家系统中常用的方法[278]。

上述推理方法和工具都可以通过相关文献找到，具体的实现与描述在此不再多述。

# 6.3　基于随机游走的路径排序算法

在大规模知识图谱应用中，很多知识是通过自动方式提取的（如 NELL 知识库），不仅知识数量大、关系多、关系之间复杂，而且还有一定的噪声存在，采用传统的基于符号的知识推理方法往往无能为力。基于随机游走的路径排序算法（Path Ranking Algorithm，PRA）是基于"图特征"的方法，即通过从知识图谱中抽取的"图特征"来预测两个实体之间的关系，进一步说就是使用两个实体之间的路径作为特征来学习目标关系的分类器，并据此判断两个实体是否属于目标关系[279]。

定义关系路径

$$\pi = R_1 R_2 \cdots R_l$$

其中，$R_i$ 为实体头、尾连接的关系序列。

例如，一个关系路径

$$P = \mathrm{bornIn}(\mathrm{persion}, \mathrm{city}) \circ \mathrm{cityOf}(\mathrm{city}, \mathrm{country})$$

PRA 的主要思想是给定特定关系 $R$ 和符合 $R$ 的头、尾对集合 $(s_i, t_i)$，使用随机游走（Random Walk）来查找具有给定特定关系的两个实体之间的关系路径 $R_1 R_2 \cdots R_l$。例如，bornIn（奥巴马，檀香山）cityOf（檀香山，美国）就是奥巴马和美国之间的一条关系路径。将所有路径用作预测特定关系（例如国

籍）是否存在的特征，给定一对实体$(h,t)$，由 $h$ 到 $t$ 的路径分数可以表示为

$$\text{score}(h,t) = \sum_{\pi \in P_l} p(t \mid h;\pi)\theta_\pi \tag{6-1}$$

式中，$\pi \in P_l$ 是任意一条长度不超过 $l$ 的关系路径；$p(t|h;\pi)$ 是在给定 $\pi$ 下从 $h$ 到 $t$ 的路径概率，也称路径特征；$t$ 相对于 $h$ 的得分 $\text{score}(h,t)$ 是路径特征的线性组合；$\theta_\pi$ 是参数。

在实际应用时会生成和选择可能对预测新实例有用的路径。PRA 通过在知识图谱上执行随机游走找到路径，记录从 $h$ 开始并在 $t$ 结束时的不超过给定长度的路径，并在其中根据原则选择一组路径作为特征，例如可以选择出现频率比较高的路径。在式（6-1）中，$p(t|h;\pi)$ 是通过限定随机游走（Constrained Radom Walk）的方式进行计算的，即假设

$$\pi = R_1 R_2 \cdots R_l, \quad \pi' = R_1 R_2 \cdots R_{l-1}$$

则有

$$p(t \mid h;\pi) = \sum_{t'} p(t' \mid h;\pi) \cdot p(t \mid t';R_l)$$

其中

$$p(t \mid t';R_l) = \frac{\mid R_l(t',t) \mid}{\mid R_l(t',\cdot) \mid}$$

为从节点 $t'$ 开始通过 $R_l$ 进行一步随机游走到达节点 $t$ 的概率。

下面通过训练集对每一个关系 $R$ 的特征参数进行估计，从而完成模型的构建。假设给定关系 $R$，满足 $R$ 的头、尾集合为 $\{(s_i,t_i)\}$，可以据此构建一个训练集 $D = \{(\boldsymbol{x}_i, u_i)\}$。其中，$\boldsymbol{x}_i$ 为 $(s_i,t_i)$ 所有路径特征的向量，$\boldsymbol{x}_i$ 的第 $j$ 个分量是 $p(t|h;\pi_j)$，$u_i$ 是指标值，表示 $R(s_i,t_i)$ 是否为真，通过最大化目标函数可以得到模型的参数 $\theta$，即

$$\mathcal{O}(\theta) = \sum_i o_i(\theta) - \lambda_1 \mid \theta \mid_1 - \lambda_2 \mid \theta \mid_2$$

其中，$\lambda_1$和$\lambda_2$分别为$L_1$和$L_2$正则化因子的系数；$o_i(\theta)$是实例目标函数，定义为

$$o_i(\theta)=w_i[u_i\ln(p_i)+(1-u_i)\ln(1-p_i)]$$

其中，$p_i$为相关性预测值，定义为

$$p_i=p(r_i=1\mid \boldsymbol{x}_i;\theta)=\frac{\exp(\theta^{\mathrm{T}}\boldsymbol{x}_i)}{1+\exp(\theta^{\mathrm{T}}\boldsymbol{x}_i)}$$

$w_i$是每个实例的重要性权重。

通过对模型参数的估计，可以得到给定关系下任意两个节点的路径特征和特征参数，并通过计算得到排序路径。PRA 是一种典型的基于图的路径统计算法，对于处理自动生成的知识图谱及规模较大的知识图谱都有比较好的结果和可解释性。图 6-1 为 PRA 推理结果示例。由图可知，这些路径规则都可以被解释并且有相当的物理意义。

| ID | PRA Path (Comment) |
| --- | --- |
| | **athletePlaysForTeam** |
| 1 | $c \xrightarrow{\text{athletePlaysInLeague}} c \xrightarrow{\text{leaguePlayers}} c \xrightarrow{\text{athletePlaysForTeam}} c$ (teams with many players in the athlete's league) |
| 2 | $c \xrightarrow{\text{athletePlaysInLeague}} c \xrightarrow{\text{leagueTeams}} c \xrightarrow{\text{teamAgainstTeam}} c$ (teams that play against many teams in the athlete's league) |
| | **athletePlaysInLeague** |
| 3 | $c \xrightarrow{\text{athletePlaysSport}} c \xrightarrow{\text{players}} c \xrightarrow{\text{athletePlaysInLeague}} c$ (the league that players of a certain sport belong to) |
| 4 | $c \xrightarrow{\text{isa}} c \xrightarrow{\text{isa}^{-1}} c \xrightarrow{\text{athletePlaysInLeague}} c$ (popular leagues with many players) |
| | **athletePlaysSport** |
| 5 | $c \xrightarrow{\text{isa}} c \xrightarrow{\text{isa}^{-1}} c \xrightarrow{\text{athletePlaysSport}} c$ (popular sports of all the athletes) |
| 6 | $c \xrightarrow{\text{athletePlaysInLeague}} c \xrightarrow{\text{superpartOfOrganization}} c \xrightarrow{\text{teamPlaysSport}} c$ (popular sports of a certain league) |
| | **stadiumLocatedInCity** |
| 7 | $c \xrightarrow{\text{stadiumHomeTeam}} c \xrightarrow{\text{teamHomeStadium}} c \xrightarrow{\text{stadiumLocatedInCity}} c$ (city of the stadium with the same team) |
| 8 | $c \xrightarrow{\text{latitudeLongitude}} c \xrightarrow{\text{latitudeLongitudeOf}} c \xrightarrow{\text{stadiumLocatedInCity}} c$ (city of the stadium with the same location) |
| | **teamHomeStadium** |
| 9 | $c \xrightarrow{\text{teamPlaysInCity}} c \xrightarrow{\text{cityStadiums}} c$ (stadiums located in the same city with the query team) |
| 10 | $c \xrightarrow{\text{teamMember}} c \xrightarrow{\text{athletePlaysForTeam}} c \xrightarrow{\text{teamHomeStadium}} c$ (home stadium of teams which share players with the query) |
| | **teamPlaysInCity** |
| 11 | $c \xrightarrow{\text{teamHomeStadium}} c \xrightarrow{\text{stadiumLocatedInCity}} c$ (city of the team's home stadium) |
| 12 | $c \xrightarrow{\text{teamHomeStadium}} c \xrightarrow{\text{stadiumHomeTeam}} c \xrightarrow{\text{teamPlaysInCity}} c$ (city of teams with the same home stadium as the query) |
| | **teamPlaysInLeague** |
| 13 | $c \xrightarrow{\text{teamPlaysSport}} c \xrightarrow{\text{players}} c \xrightarrow{\text{athletePlaysInLeague}} c$ (the league that the query team's members belong to) |
| 14 | $c \xrightarrow{\text{teamPlaysAgainstTeam}} c \xrightarrow{\text{teamPlaysInLeague}} c$ (the league that the query team's competing team belongs to) |
| | **teamPlaysSport** |
| 15 | $c \xrightarrow{\text{isa}} c \xrightarrow{\text{isa}^{-1}} c \xrightarrow{\text{teamPlaysSport}} c$ (sports played by many teams) |
| 16 | $c \xrightarrow{\text{teamPlaysInLeague}} c \xrightarrow{\text{leagueTeams}} c \xrightarrow{\text{teamPlaysSport}} c$ (the sport played by other teams in the league) |

图 6-1　PRA 推理结果示例

## 6.4 基于增强学习的路径推理

基于增强学习的路径推理通过对知识图谱中的关系路径进行搜索，可获得两个实体之间的多跳间接关系。这里可以把寻找多跳间接关系的过程建模成一个序列化决策的问题。DeepPath 是第一个比较完整的用增强学习进行知识图谱推理的算法，在此基础上发展的 MINERVA 算法改善了搜索和推理的方式，充分利用了状态和历史信息，从而解决了答案未知的问题（非验证性）。

### 6.4.1　DeepPath

DeepPath 的主要思想是把多步推理的过程看作一个马尔可夫决策过程（MDP），并通过增强学习的方法来得到给定关系 $R$ 所有可能的推理路径。与 PRA 不同的是，DeepPath 非常好地利用了知识图谱的嵌入式表示，构建出连续的状态空间，通过对奖励函数的设计和策略网络的训练构建推理策略模型，并获得给定关系 $R$ 的若干可能的推理路径，通过这些推理路径规则，利用双向宽度搜索方式，判断满足给定关系 $R$ 的三元组$(h,r,t)$是否成立[280]。

一个强化学习网络是由两个主要部分组成的：一个是环境（Environment）；另一个是策略网络。在图 6-2 中，左边部分表示环境，其中虚线是知识图谱中已经存在的关系，实线是经过推理之后的关系；右边部分是策略网络的结构，在增强学习的过程中，通过与环境交互，策略网络会选择一个最可能的关系来扩展推理路径。

具体来说，由一个马尔可夫决策过程（MDP）[281]来对环境建模，由一个四元组<$\mathcal{S},\mathcal{A},\mathcal{P},\mathcal{R}$>来定义。其中，$\mathcal{S}$ 是连续的状态空间；$\mathcal{A}=a_1,a_2,\cdots,a_n$ 为所有可能的动作（Action）；$\mathcal{P}(\mathcal{S}_{t+1}=s' \mid \mathcal{S}_t=s,A_t=a)$

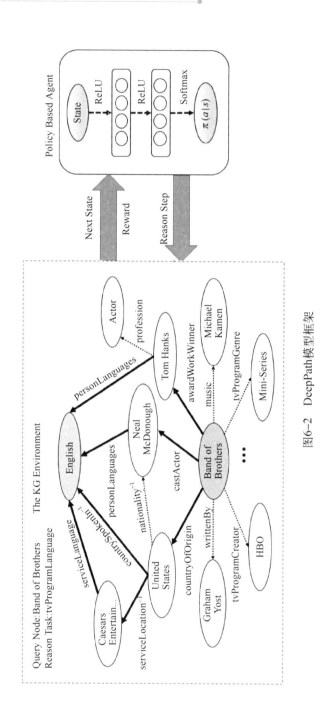

图6-2 DeepPath模型框架

为概率传递矩阵；$\mathcal{R}(s,a)$ 是状态动作对 $(s,a)$ 的奖励函数。强化学习的智能体（Agent）部分是由一个把状态向量映射为随机策略的策略神经元网络来表示的，即 $\pi_\theta(s,a)=p(a|s;\theta)$。这个神经元网络采用两层以 ReLU 作为激活函数的全连接结构，最后的输出层为 Softmax 函数。

在状态空间的表示中，由于每个状态都表达了当前 Agent 在知识图谱中的位置，因此当采取下一个动作之后，Agent 会沿着一个关系从一个实体到另一个实体。通过知识图谱嵌入式空间的向量表示，$t$ 时刻的状态向量 $s_t$ 可以表示为

$$s_t = (e_t, e_2 - e_t)$$

其中，$e_t$ 为当前状态实体的嵌入向量；$e_2$ 为目标实体的嵌入向量。

强化学习奖励（Award）的设计特别考虑了如下几个因素。

① 全局的正确性，即

$$r_{\mathrm{global}} = \begin{cases} +1, & \text{如果到达了 } e_2 \\ -1, & \text{其他} \end{cases}$$

② 路径的效率：较短的路径比较长的路径有效率，即

$$r_{\mathrm{refficiency}} = \frac{1}{\mathrm{lengthp}}$$

③ 路径的分散程度：在找到的路径中尽可能减少路径的重复与冗余，用当前路径 $P_i$ 和已有路径 $P$ 的距离作为分散度奖励函数，即

$$r_{\mathrm{diversity}} = -\frac{1}{|F|} \sum_{i=1}^{|F|} \cos(P, P_i)$$

其中，路径关系链为 $r_1 \to r_2 \to \cdots \to r_n$ 的 $P$ 嵌入向量表示为 $P = \sum_{i=1}^{n} r_i$。在模型训练的时候，由于状态空间非常大，而且大部分都是错误的状态，如果采用典型的"尝试-错误"方式进行训练，那么收敛就会非常困难，导致经过很长时

间都找不到任何有价值的路径，因此，DeepPath 采用两阶段的训练方法。

① 有监督的训练：选择正例中一个较小的子集，用搜索的方法获得所有正确的关系路径，并用这个关系路径作为监督，训练智能体策略网络。

② 再训练：对于满足给定关系 $R$ 的所有实体对，在状态空间转移时随机选择动作空间，直到走到终点实体，同时累计计算路径状态奖励值，并对智能体策略网络进行参数更新。

图 6-3 为 DeepPath 推理路径结果示例。相比 PRA，通过对智能体策略网络和奖励函数的适当设计，基于强化学习的方法更加有利于对路径性质进行控制，并取得比 PRA 更好的性能。

| Relation | Reasoning Path |
|---|---|
| **filmCountry** | filmReleaseRegion<br>featureFilmLocation $\rightarrow$ locationContains$^{-1}$<br>actorFilm$^{-1}$ $\rightarrow$ personNationality |
| **personNationality** | placeOfBirth$\rightarrow$ locationContains$^{-1}$<br>peoplePlaceLived $\rightarrow$ locationContains$^{-1}$<br>peopleMarriage $\rightarrow$ locationOfCeremony $\rightarrow$ locationContains$^{-1}$ |
| **tvProgramLanguage** | tvCountryOfOrigin $\rightarrow$ countryOfficialLanguage<br>tvCountryOfOrigin $\rightarrow$ filmReleaseRegion$^{-1}$ $\rightarrow$ filmLanguage<br>tvCastActor $\rightarrow$ filmLanguage |
| **personBornInLocation** | personBornInCity<br>graduatedUniversity $\rightarrow$ graduatedSchool$^{-1}$ $\rightarrow$ personBornInCity<br>personBornInCity $\rightarrow$ atLocation$^{-1}$ $\rightarrow$ atLocation |
| **athletePlaysForTeam** | athleteHomeStadium $\rightarrow$ teamHomeStadium$^{-1}$<br>athletePlaysSport $\rightarrow$ teamPlaysSport$^{-1}$<br>athleteLedSportsTeam |
| **personLeadsOrganization** | worksFor<br>organizationTerminatedPerson$^{-1}$<br>mutualProxyFor$^{-1}$ |

图 6-3　DeepPath 推理路径结果示例

## 6.4.2　MINERVA

DeepPath 虽然在知识推理中取得了比较好的结果，但是在强化学习策略中，始终需要目标实体作为当前状态编码的一部分。这样的推理机制比较适合验证一个三元组关系是否为正确的关系。对于比较复杂的数据库补全，由于需要遍历所有待验证的实体，因此导致遍历的数量非常多。为了解决这个问题，可以把知识库的推理看成一个问答问题，例如可以将三元组$(e_1, r, e_2)$的验证问题转化为问题为$(e_{1q}, r_q, ?)$、答案为$e_{2q}$的问答。MINERVA（Meandering In Networks of Entities to Reach Verisimilar Answers）[282]针对这种问答，设计了一个基于部分观察马尔可夫随机过程（Partially Observed Markov Decision Process）的强化学习模型，可在知识图谱中寻找答案，从而避免了大规模知识图谱的效率问题。

MINERVA 的环境是由一个五元组$(\mathcal{S}, \mathcal{O}, \mathcal{A}, \mathcal{P}, \mathcal{R})$组成的，相比 DeepPath，多了一个$(\mathcal{O})$，这是因为不知道答案，因此不能够获得完整的环境状态，只能通过当前的观察量（Observations）来代替。

① 环境状态。

整个环境状态空间$\mathcal{S}$是由问题、答案及当前推理的位置向量决定的。因此当前状态$\mathcal{S} = (e_t, e_{1q}, r_q, e_{2q})$。这里的所有节点与关系都使用知识图谱嵌入向量表示。

② 观察量。

由于智能体只能看到当前的推理位置$(e_t)$和要回答的问题$(e_{1q}, r_q)$，因此观察量可表示为$\mathcal{O} = (e_t, e_{1q}, r_q)$。

③ 动作空间。

每一时刻$t$、状态为$\mathcal{S}$的动作空间$\mathcal{A}_{\mathcal{S}}$都是所有当前状态可以到达的节点与经过的关系的集合，即$\mathcal{A}_{\mathcal{S}} = \{(e_t, r, v) \in E\}$。$E$为所有边的集合；$r$为关系；$v$为动作结束时的节点。

④ 奖励。

如果当前推理的位置是正确答案，那么奖励就为 1，否则为 0。

作为 MINERVA 最重要的特色，为了解决部分观察马尔可夫决策过程的问题，设计了一个历史依赖的智能体策略模型。假设决策序列为 $\pi = (d_1, d_2, \cdots, d_t)$，其中 $d_t$ 是当前历史状态到动作空间的映射，当前历史状态 $H_t = (H_{t-1}, A_{t-1}, O_t)$ 为观察序列和历史动作序列。$H_t$ 可以很自然地用 LSTM 编码为

$$\boldsymbol{h}_t = \text{LSTM}(\boldsymbol{h}_{t-1}, [\boldsymbol{a}_{t-1}; \boldsymbol{o}_t])$$

其中，$\boldsymbol{a}_{t-1}$ 和 $\boldsymbol{o}_t$ 分别代表在 $t-1$ 时刻动作/关系的向量表示及 $t$ 时刻观察/实体的向量表示；$[\;;]$ 为向量连接符。在历史嵌入向量 $\boldsymbol{h}_t$ 的基础上，若策略网络在所有可能的动作（$A_{S_t}$）中选择最合适的动作，则可以把 $t$ 时刻所有可能的边向量组合起来形成一个动作矩阵 $\boldsymbol{A}_t$。整个决策网络再用一个双层的前馈网来决定下一步所进行的动作，表示为

$$\boldsymbol{d}_t = \text{softmax}(\boldsymbol{A}_t(\boldsymbol{W}_2 \text{ReLU}(\boldsymbol{W}_1 [\boldsymbol{h}_t; \boldsymbol{o}_t; \boldsymbol{rq}])))$$

$$\boldsymbol{A}_t \frown \text{Categorical}(\boldsymbol{d}_t)$$

通过训练决策网络得到决策模型，可以直接用该模型进行知识推理，即从给定的节点和关系出发，逐步对走过的路径进行编码决策，直到到达答案节点。与 DeepPath 相比，MINERVA 在策略网络中充分考虑了推理的历史信息，不仅可以进行未知答案的推理，而且可以在知识验证中取得更好的性能。

## 6.5  基于深度神经网络的路径推理

知识图谱最简单的补全任务可简化为推断三元组 $(e_s, r, e_t)$ 是否合理存在，是否存在一个或多个合理的推理路径来支持解释。知识推理的实质是在知识图谱的空间寻找有规律的间接关系。这种间接关系可以用随机游走的方式获得，也可以用马尔可夫随机过程来建模。从直觉出发，推理路径的有向关系序列可以用递归神经网络（RNN）来建模。这也是当前知识推理研究的前沿热点之

一。Neelakantan[264]提出了 Path-RNN 模型。该模型对指定关系 r 进行 RNN 建模，可获得 RNN 网络参数及 r 的向量空间表达，相比前述的方法，不需要对知识图谱进行嵌入向量预训练，使关系向量的表达更加适合知识推理的任务，性能也因此而提升。Rajarshi Das[283]进一步改良了 Path-RNN 模型，使 RNN 的参数在全知识图谱中共享且与具体的关系 r 无关，不需要针对每一个 r 建立独立的模型，从而大大减少了计算负荷，同时，引入推理路径中的节点信息，使得推理更加准确。

## 6.5.1　Path-RNN

图 6-4 为 Path-RNN 网络结构图。假设$(e_s, e_t)$是满足关系 r 的实体头、尾对，$\Pi$ 是从 $e_s$ 到 $e_t$ 所有路径的集合，$\pi = \{e_s, r_1, e_1, r_2, \cdots, r_k, e_t\} \in \Pi$ 是$(e_s, e_t)$之间的任意一条路径。若 $\boldsymbol{y}_{r_t}$ 为第 t 步关系 $r_t$ 的向量表示，则 Path-RNN 的隐状态 $\boldsymbol{h}_t$ 可以通过前一步的隐状态和当前关系向量得到，即

$$\boldsymbol{h}_t = \sigma(\boldsymbol{W}_{hh}^r \boldsymbol{h}_{t-1} + \boldsymbol{W}_{ih}^r \boldsymbol{y}_{r_t}^r) \qquad (6-2)$$

其中，$\boldsymbol{W}_{hh}^r$ 和 $\boldsymbol{W}_{ih}^r$ 是 RNN 的参数；$\sigma$ 是 Sigmoid 函数。从式（6-2）可以看出，RNN 的网络参数不是共享的，对于每一个关系 r 都需要训练单独的参数$(\boldsymbol{y}_{r_t}^r,$ $\boldsymbol{W}_{hh}^r, \boldsymbol{W}_{ih}^r)$。整个路径的向量 $\boldsymbol{y}_\pi$ 为 RNN 最后步骤输出的隐状态 $h_k$，路径 $\pi$ 和关系 r 的相似度由向量的内积来表示，即

$$\text{score}(\boldsymbol{\pi}, r) = \boldsymbol{y}_\pi \cdot \boldsymbol{y}_r$$

由于实体对之间存在多个路径，因此对这些路径分别计算相似度，得到路径和关系相似度的集合，即$\{s_1, s_2, \cdots, s_N\}$，N 为路径的个数，则$(e_s, e_t)$满足关系 r 的概率为

$$p(r \mid e_s, e_t) = \sigma(\max(s_1, s_2, \cdots, s_N))$$

通过对 RNN 的训练可以获得任意一个关系 r 的 RNN 模型，对于给定的任何头、尾实体对，都可以找到它们之间最符合关系 r 的推理路径。

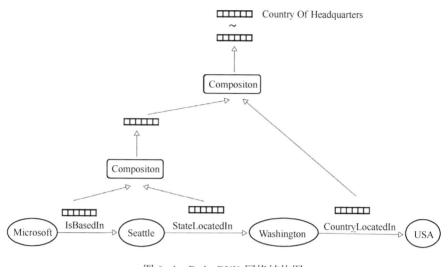

图 6-4　Path-RNN 网络结构图

## 6.5.2　扩展的 Path-RNN

Path-RNN 虽然可以对推理关系路径进行 RNN 编码，完成对一个三元组的判别任务，但是由于对于关系模型参数不共享，缺少实体信息和多路径共同证据支持的问题，所以针对性地引入共享参数训练、添加实体向量及修正实体关系概率分布计算方法可以很好地解决上述问题。

如图 6-5 所示，在每一步中，RNN 都考虑了实体和关系的信息。因为实体的数量非常大，存在着严重的长尾问题，大多数实体向量都是无法充分训练的，因此特别采用了类别向量来代替实体向量。图 6-5 中 RNN 的参数是所有关系共享的，即

$$h_t = \sigma\left(W_{hh}h_{t-1} + W_{ih}y_{r_t} + W_{eh}y_{et}\right) \qquad (6-3)$$

其中，$W_{eh}$ 为实体映射矩阵；$y_{et}$ 为实体向量，由属于的类别向量相加产生。因为知识图谱中的类别很多，所以一般取出现最频繁的若干类别作为实体的特征类别参与计算。这些类别向量在训练中也一并得到计算。

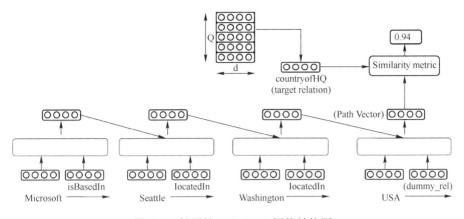

图 6-5 扩展的 Path-RNN 网络结构图

如图 6-6 所示，由于从 Melinda 到 Bellevue 的推理路径有多条，它们都在一定程度上支持了 Lives in 关系的判断，因此只取单一的推理路径是不合理的，$(e_s, e_t)$ 满足关系 $r$ 的概率可以扩展为所有路径的对数平均，即

$$p(r \mid e_s, e_t) = \sigma \left( \log \left( \sum_i \exp(s_i) \right) \right)$$

其中，$s_i$ 为各个路径向量与关系向量的相似度。

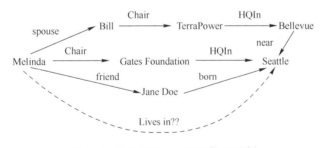

图 6-6 扩展的 Path-RNN 推理示例

Path-RNN 模型可对关系推理进行刻画，主要特点是通过 RNN 得到路径的向量表达，并通过对路径的向量表达和关系表达的相似度计算来判定推理是否成立，具有信息容量大、构造简单等优点。相比 PRA 和基于 MDP 等模型的方法，Path-RNN 不能归纳生成 horn 子句规则，在进行关系推理时，可解释性较差。

## 6.6 本章小结

知识推理是从推理继承并演化而来的。传统的基于符号的知识推理只能处理有限的关系和节点数量较少的知识系统。其本质是基于谓词逻辑的不可满足性计算，对知识图谱的关系和规则的逻辑一致性要求严格，新添加一种类型的计算都需要对整个推理系统进行重新优化，处理目前大规模知识图谱及自动生成知识图谱比较困难。近些年，基于符号的知识推理主要集中在推理系统的分布式实现，并取得了一定的成果。基于符号的知识推理具有比较直观、解释能力强的特点，是知识推理的重要基础之一。

基于统计的知识推理本身就是从大规模知识图谱出发的，采用不同的方法对知识图谱和路径建模，特别是知识图谱嵌入式表示的发展对知识推理提供了很大的支持与动力，并为知识图谱和神经网络计算相结合打下了基础。在这个背景下，可以把知识图谱看作有向图的拓扑结构，通过随机游走来获取最优的推理路径；可以把知识图谱看作决策过程状态的一部分，通过增强学习来获得状态转移模型；可以把知识图谱的推理看作序列生成的过程，利用神经元网络对关系路径进行模拟。

当前，知识推理主要集中在研究阶段，离实用还有一段距离，主要存在的问题是模型复杂度较高，推理准确度比较低。未来，如果可以把基于符号的知识推理和基于统计的知识推理更好地结合起来，并结合表达能力更强的深度模型，那么一定会有更加实用的结果。

# 第 7 章

# 知识图谱的应用

新一代人工智能系统需要知识、数据、算力和算法的紧密结合，从而实现智能性、鲁棒性、可推理性及可解释性。知识图谱作为人类对世界认识的数字化、系统化和结构化的体现，可以很好地辅助机器进行语义的理解和语言的生成，从而在智能搜索、自动问答、智能推荐、智能决策等各个领域得到广泛应用。本章将重点介绍知识图谱在知识库问答、语言生成及情感挖掘方面的应用。它们都是知识图谱应用的最新成果，具有很大的启发作用。

## 7.1 知识库问答

知识库问答（Knowledge Base Question Answering，KB-QA）是知识图谱应用的经典技术之一：给定自然语言表述的问题，通过对问题进行语义解析，利用知识库进行查询、推理，获取答案。例如，对于如图 7-1 所示中的问题"Who did shaq first play for"（沙克第一支效力的队伍是哪家），经过知识库问答技术框架处理并查询知识图谱 Freebase 等后，可以得到答案为实体"Orlando Magic"（奥兰多魔术队）并返回给用户。知识库问答的应用场景屡见不鲜，极大地改善了用户体验。如图 7-2 所示，在搜索引擎中输入一些事实类问题（Factoid Question），即可以直接得到答案实体而非一系列相关网页链接。从应用领域的角度划分，知识库问答可以分为开放域的知识问答和特定域的知识问答。前者常见于百科知识网站；后者常见于金融、医疗领域的客服机器人或搜索引擎，可共同服务于人们的日常生活。

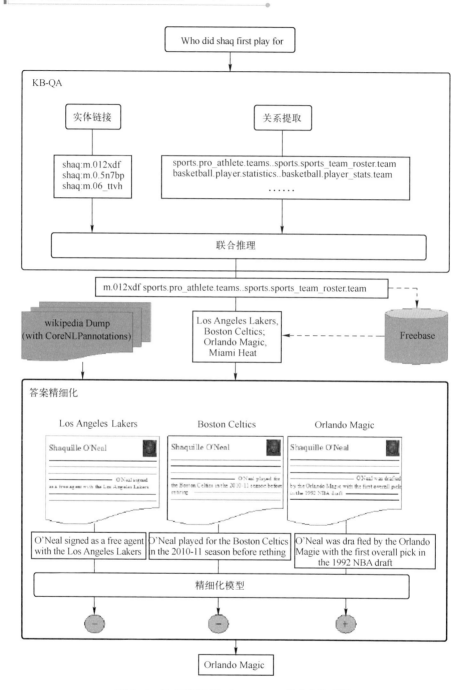

图 7-1 知识库问答（KB-QA）技术框架[289]

图 7-2 搜索引擎中的知识库问答实例

知识库问答技术框架融合了多个自然语言处理技术。其中两大关键技术可以概括为实体链接（Entity Linking）和关系推理（Relation Reasoning）。

**实体链接（Entity Linking）** 将文档中的名称与知识库中的实体关联，主要涉及命名实体识别和实体消歧两个经典任务。例如对图 7-1 中的问题，命名实体识别技术首先分析出问题中"shaq"对应的话题实体（Topic Entity）是知识图谱中的 shaq：m. 012xdf、shaq：m. 05n7bp 和 shaq：m. 06_ttvh 之一；然后通过实体消歧确定查询的是篮球巨星"沙奎尔·奥尼尔"（知识图谱中对应的实体 id 为 shaq：m. 012xdf）。近年来，已有不少研究专注于实体链接的任务，所包含的技术细节在知识库构建的相关章节中已有详尽介绍。

**关系推理（Relation Reasoning）** 将问题的语义与知识图谱中的关系进行匹配，并以此推断出答案实体的过程。例如，图 7-1 中需要根据问题"play for"确定问题语义涉及的关系是"效力的运动队伍"（知识图谱中对应的关系是 sport … team）；随后通过查询知识图谱 Freebase，并根据事实三元组（shaq：m. 012xdf, sport. pro _ athelete. teams, Orlando _ Magic）推断出答案为"Orlando Magic"（奥兰多魔术队）。不同于知识库构建中的命名实体关系抽取，知识库问答中需要推理的关系通常更复杂，可能包含知识图谱中的多跳路径，有些甚至需要离散逻辑运算。例如图 7-2，对于问题"梁思成父亲的工作是什么？"（"What does Liang Sicheng's father do?"），知识库问答模型需要分析出关系路径，再根据知识图谱中的多个事实三元组（梁思成，父亲，梁启超）、（梁启超，职业，思想家）、（梁启超，职业，教育家）、（梁启超，职业，政治家）等联合推理出答案。

根据关系推理方法的不同，知识库问答技术框架大致可以分为基于信息抽取（Information Extraction）的方法[285,286]、基于语义解析（Semantic Parsing）的方法[287-292]、基于嵌入表示（Embedding based）的方法[293-299]。得益于深度学习技术的发展及大规模知识图谱的构建，不同方法流派所属的知识库问答模型都取得了可观的突破。近年来的一些研究，即将实体链接和关系推理联合优化的知识库问答模型也值得参考借鉴。为了应对知识库不完整、训练数据缺乏等问题，引入迁移学习（Transfer Learning）、强化学习（Reinforcement Learning）等先进的学习方法，较好地实现了多领域、弱监督场景下的知识库问答。多语言、多模态的知识库问答技术也逐渐得到研究者的关注。此外，鲁棒性和可解释性也是研究知识库问答模型的焦点之一。

## 7.1.1　基于信息抽取的知识库问答

基于信息抽取的知识库问题首先提取问题中的话题词，通过实体链接技术定位到知识图谱中的某一节点，与该节点直接相连或间接相连的实体构成了候选答案集合。通常，考察范围是两跳（Hop）距离内的邻接节点，依据某些规则或模板进行信息抽取，得到问题和候选答案的特征向量，训练分类器通过特征向量对候选答案进行筛选，从而得出最终答案。区别于基于语义解析的方法，基于信息抽取的方法一般采用明确的、可解释的语言学特征。

Yao 等人[285]构建的问题特征由四部分组成：问题词（qword）、问题关注点（qfocus）、问题话题实体（qtopic）、问题谓语（qverb）。如图 7-3 所示，对于问题 "what is the name of Justin Bieber brother?"，首先进行结构分析，获取语法依存树（dependency tree），提取的信息是问题词，即 "what"；随后可以抽取出问题关注点是 "name"，暗示了答案类型；然后问题话题实体是 "justin bieber（person）"，在实体链接步骤中已用到；最后问题谓语由词性

（Part-Of-Speech，POS）确定为"be"。由此，问题特征可以表示为｛qword = what，qfocus = name，qverb = be，…｝。

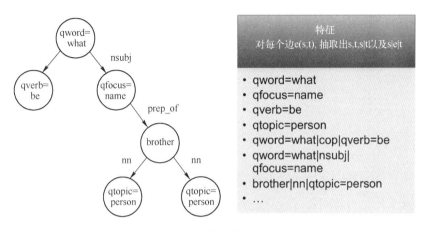

图7-3　问题特征抽取示意图

图7-4中，候选答案特征由候选实体在知识图谱中的连接情况，即关系边（relation）和属性边（type）确定。例如，对于候选"jaxon bieber"，可以抽取的特征有｛gender = male, type = person, relation = sibling｝。候选答案特征能体现候选实体与问题的匹配程度。如图7-5所示，答案的 gender = male 特征和问题的"brother"一词相契合；type = person 特征和问题的 who 相契合；另

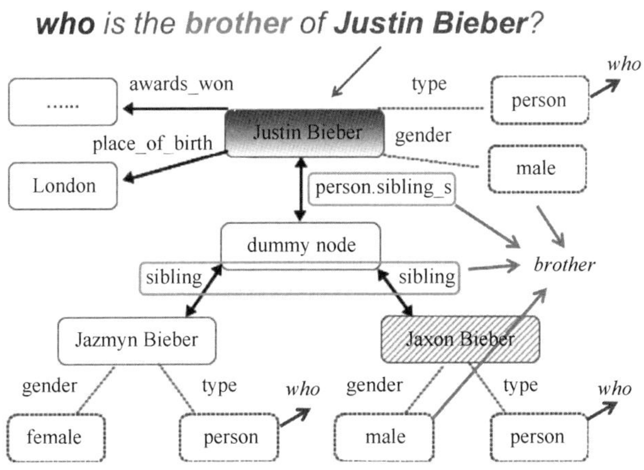

**who** is the brother of **Justin Bieber**?

图7-4　候选答案特征抽取示意图

外一候选实体的 gender＝female 特征与问题冲突。

| Jazmyn Bieber | 期待权重 |
| --- | --- |
| • has:sibling \| brother \| nn \| qtopic=person | • high |
| • gender:female \| brother \| nn \| qtopic=person | • low |
| • type:person \| brother \| nn \| qtopic=person | • high |
| • ... | • ... |
| **Jaxon Bieber（是答案）** | **期待权重** |
| • has:sibling \| brother \| nn \| qtopic=person | • high |
| • gender:male \| brother \| nn \| qtopic=person | • high |
| • type:person \| qword=what \| nsubj \| qfocus=name | • high |
| • ... | • ... |

图 7-5 问题特征与候选答案特征配对结果

从候选答案中找出正确答案是一个二分类问题，即构建分类器，判断每个候选实体是否是问题对应的正确答案。该分类器的训练数据来自问题-答案对，输入特征是由问题抽取出的特征和当前候选答案特征两两组合而成的。两两组合旨在判断问题和答案的匹配程度。分类器会在拟合训练数据的过程中，找到关联度高的特征组合并赋予较大权重，如 qfocus＝money｜type＝Currency；相反地，找到关联度低的特征组合，如 qtopic＝person｜rel＝education. end_date，并赋予较小的权重，如图 7-6 所示。

| wgt. | feature |
| --- | --- |
| 5.56 | qfocus=money\|type=Currency |
| 5.35 | qverb=die\|type=Cause_Of_Death |
| 5.11 | qword=when\|type=datetime |
| 4.56 | qverb=border\|rel=location.adjoins |
| 3.90 | qword=why\|incoming_relation_rank=top_3 |
| 2.94 | qverb=go\|qtopic=location\|type=Tourist_attraction |
| -3.94 | qtopic=location\|rel=location.imports_exports.date |
| -2.93 | qtopic=person\|rel=education.end_date |

图 7-6 特征组合与权重

基于信息抽取的方法涉及人类语言学的先验知识，需要人工参与，符合人类直觉，有较好的可解释性。

## 7.1.2 基于语义解析的知识库问答

基于语义解析的知识库问答将自然语言的问题，通过自底向上的解析过程，转成 SQL 或其他逻辑形式（Logic Form）的查询语句；通过在知识库中执行相应的查询得出答案；语义解析过程既有传统的基于语言学知识的方法，也有基于深度学习的神经网络模型。近年来的研究还采用了强化学习来训练更有效的模型。

为了能够对知识库进行查询，需要将自然语言形式的问题转化成逻辑形式查询的表达式，如经典的 Lambda Dependency-Based Compositional Semantics（LambdaDCS）或 SPARQL query。在不同的文章中，研究者对逻辑形式查询的定义不同。Berant 等人[287]定义了一套逻辑形式及其操作，见表 7-1。其中，$z$ 表示一个逻辑形式；$\kappa$ 表示知识库；$e$ 表示实体；$p$ 表示实体关系（有的也称谓语或属性）。逻辑形式分为一元逻辑（Unary Logic Form）和二元逻辑（Binary Logic Form）。一元逻辑即为单个实体，对于一个一元逻辑 $z=e$，可以查询出对应知识库中的实体 $e$。二元逻辑为知识库中的关系，对于一个二元逻辑 $z=p$，可以查询出知识库中由其相连的实体对 $\{(e_1,e_2)\mid(e_1,p,e_2)\in\kappa\}$。如数据库语言一样，这样定义的逻辑形式可以进行连接（Join）、求交（Intersection）和聚合（Aggregate，如计数、求最大值等）操作。

表 7-1 逻辑形式及其操作的定义

| 逻辑形式及其操作 | 定　义 | 例　子 |
|---|---|---|
| 一元逻辑 $z=e$ | 实体 $e\in\varepsilon$ | Seattle |
| 二元逻辑 $z=p$ | 连接两个实体的关系（属性） | PlaceOfBirth |
| 连接操作 $b.u$ | $b.u=\{e_1:\exists(e_1,b,u)\in\kappa\}$ | PlaceOfBirth. Seattle |
| 相交操作 $\cap$ | 一元逻辑的交集 $\{u_1\cap u_2\}=\{u_1\}\cap\{u_2\}$ | PlaceOfBirth. Seattle $\cap$ Profession. Scientist |
| 聚合操作 count $(u)$ | 一元逻辑的数量 count$(u)=[u]$ | count（Profession. Scientist） |

定义逻辑形式后，就可以把一个自然语言问题 $x$ 表示为一个可以在知识库中进行查询的逻辑形式 $z$。如图 7-7 所示，对于问句 "Which college did Obama go to?"，对应的逻辑形式是 Type. University ∩ Education. BarackObama，到知识库中执行逻辑语句即可。而模型要学的是从自然表述的问句到逻辑语言之间的映射 $z=Z(x)$。随着深度学习技术的发展，这一映射过程也由构建语法树等传统方法逐渐转变为 Seq2Seq 等神经网络模型，对于不同的逻辑形式定义，只需建立不同的输出词表即可。

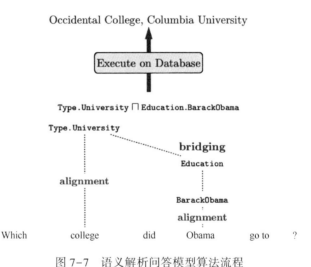

图 7-7　语义解析问答模型算法流程

一个问题 $x$ 会对应很多种可能的逻辑形式 $z$，模型需要学习一个判别器对候选逻辑形式的概率进行估计，即

$$p_\theta(z \mid x) = \exp\left[ \boldsymbol{\Phi}(x,z)^\mathrm{T}\theta \right] \Big/ \sum_{z' \in Z(x)} \exp\left[ \boldsymbol{\Phi}(x,z')^\mathrm{T}\theta \right]$$

其中，$\boldsymbol{\Phi}(x,z)$ 是由问题 $x$ 和候选逻辑形式 $z$ 提取出来的特征向量；$\theta$ 是需要学习的参数。对于训练集的答案对 $(x_i, y_i)$，训练目标为最大化最终答案 $y_i$（在知识图谱上执行 $z$ 而得）的对数似然（log-likelihood）损失函数，即

$$\mathcal{O}(\theta) = \sum_{i=1}^{n} \sum_{z \in Z(x):[z]_K = y_i} \log p_\theta(z \mid x_i)$$

同基于信息抽取的方法，基于语义解析的方法具有有效和较好的可解释性，但以繁多的人工标注为代价，缺乏迁移到其他领域的能力，在面对不完整的知识库时，执行逻辑形式查询会受阻。

## 7.1.3　基于嵌入表示的知识库问答

基于嵌入表示的知识库问答得益于词向量和知识嵌入等表示学习的成功，如图 7-8 所示，主要是把问题 $q$ 和候选答案实体 $a$ 分别映射为分布式表达（Distributed Embedding）$f(q)$ 和 $g(a)$，通过训练数据对该分布式表达的映射矩阵 $W$ 进行参数优化，使问题和答案的向量表达匹配得分 $S(q,a)$ 尽可能高，问题和其他实体的向量表达匹配得分低。模型训练完成后，根据候选答案的向量表达和问题表达的得分进行筛选，得出最终答案。

基于嵌入表示的方法有两个关键点：一是如何将问题和答案映射到低维空间，在知识库问答时，不能仅仅将自然语言的问题和答案进行映射，还要将知识库中的知识也映射到低维空间；二是如何度量问题和候选答案之间的关联程度，即对得分函数 $S(q,a)$ 的设计。

如何将问题和答案映射为分布式表达，有很多现成的训练句子向量（Sentence Vector）和知识嵌入（Knowledge Embedding）的研究可以借鉴。将问题 $q$ 向量化为 $f(q)$ 的一种经典做法是稀疏表示的词袋模型，将问题向量的空间维度 $N$ 设置为全词表大小，每一维的值设置为该维所代表单词出现的次数或用 0、1 表示该单词是否出现。稀疏表示可以进一步通过嵌入矩阵 $W$ 映射成 $k(k < N)$ 维的稠密表示。另一种获取等价稠密表示的方法是直接采用预训练好的词向量表示问题中的每一个词，而将所有词向量相加得到问题的向量表示，被称为神经词袋模型（Neural Bag-of-Words Model）。上述两种简单做法存在一些问题，比如并未考虑问题的语言顺序。比如"谢霆锋的爸爸是谁？谢霆锋是谁的爸爸？"，这两个问题用该方法得到的表达是一样的，然而这两个问题的意思显然是不同的。因此可

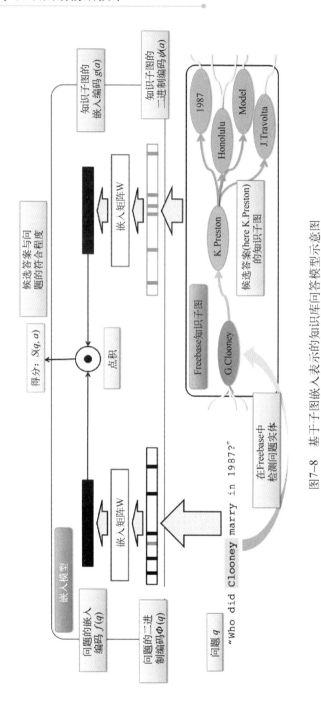

图7-8 基于子图嵌入表示的知识库问答模型示意图

用深度学习中的循环神经网络（Recurrent Nerual Networks，RNNs）、卷积神经网络（Convolutional Nerual Networks，CNNs）等模型提取问题特征。这样的方式不仅考虑了语言的顺序，而且在提取特征的能力方面也更加强大了。

将知识图谱中的候选答案实体 $a$ 向量化为 $g(a)$，基本都会采用 TransE[53] 等知识嵌入模型训练得到的表示向量，在此基础上，额外的信息也会被引入来提高模型性能。在 Bordes 等人[294] 提出的方法中，候选答案实体的表示不仅编码了单一实体信息，还编码了邻接子图的信息，见图 7-8。Dong 等人[296] 用多列卷积网络（Multiple Columns CNN）提取三个特征向量，分别表示答案的三个维度，即答案路径（Answer Path）、答案上下文信息（Answer Context）、答案类型（Answer Type），如图 7-9 所示。

关联程度的度量用一个函数 $S(q,a)$ 来表征答案和问题的得分，希望问题及其对应正确答案的得分要比错误答案的得分高。通过比较每个候选答案的得分，选出得分最高的候选答案作为正确答案。得分函数通常定义为二者分布式表达的点乘，即 $S(q,a)=f(q)^{\mathrm{T}} \cdot g(a)$。Dong 等人[296] 考虑到答案信息来源不同，将该答案对应的不同特征向量分别与问题进行点乘，得到一个包含三部分的得分函数，即

$$S(q,a)=f_1(q)^{\mathrm{T}}g_1(a)+f_2(q)^{\mathrm{T}}g_2(a)+f_3(q)^{\mathrm{T}}g_3(a)$$

注意力机制被引入得分函数，Zhang 等人[295] 希望问题的分布式表达对于不同的答案特征（实体，关系，类型，上下文）有不同的表达，即根据答案的特征对于问题有不同的关注点。具体来说，第 $i$ 种答案的分布式表达为

$$g_i(a) \in \{g_e(a),g_r(a),g_t(a),g_c(a)\}$$

若对问题中的第 $j$ 个词（LSTM 输出 $\boldsymbol{h}_j$）用注意力机制分配不同程度的权重，则对应的问题分布式表达记作

$$f(q)_i = \sum_j \alpha_{ij}\boldsymbol{h}_j$$

得分函数相应地定义为四种对应表达的点乘之和，即

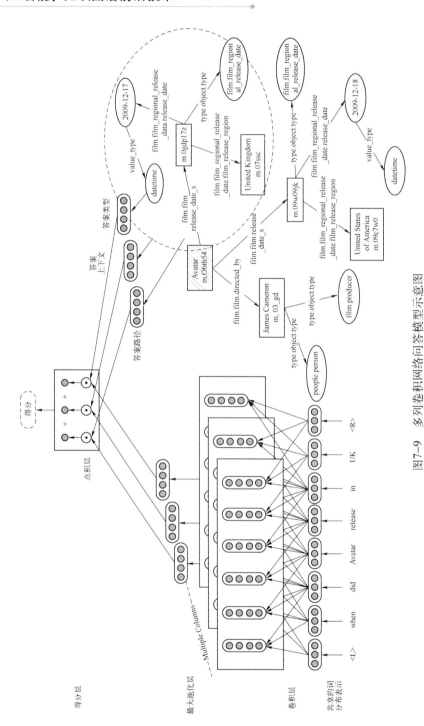

图7-9　多列卷积网络问答模型示意图

$$S(q,a) = \sum_{a_i \in |g_e(a),g_r(a),g_t(a),g_c(a)|} f(q)_i^{\mathrm{T}} g_i(a)$$

训练这类模型中的表示向量和匹配函数的参数，通常采用 Margin–Based Ranking 损失函数（Hinge–Loss），即

$$\sum_{i=1}^{|D|} \sum_{\bar{a} \in A(a_i)} \max\{0, m - S(q_i,a_i) + S(q_i,\bar{a})\}$$

最小化损失函数，意味着希望正确答案和问题的得分要比任意错误答案的得分高出一个间隔（Margin）$m$。

可以看出，相比基于信息抽取的方法和基于语义解析的方法，基于嵌入表示的方法几乎不需要任何手工定义的特征，也不需要借助额外的系统（词性标注、依存树等）。其模型不会受限于缺失的知识库（通过知识嵌入可以预测缺失的三元组），可以灵活地设计神经网络结构，较易实现将新技术迁移至知识库问答领域。作为深度学习一个比较有争议的诟病点，基于嵌入表示的神经网络是一种趋于黑盒的方法，缺少可解释性。Zhou 等人[299]将预测实体答案任务转化为预测完整推理路径任务，采用一个多跳的网络结构让基于嵌入表示的知识库问答模型具有可解释性。

## 7.2  知识图谱在文本生成中的应用

文本生成是自然语言处理方向的重要研究课题，应用领域非常广泛，包括对话系统、文本摘要、问答系统、故事生成等。

解决文本生成问题的传统方法大部分是基于规则或模板的方法[300,301]。这些方法倾向于生成固定的统一格式的文本，缺少人类自然语言的多样性。除此之外，基于规则或模板的方法往往需要大量的人工参与规则或模板的编写，费时费力。

由于深度学习神经网络模型的兴起及大规模数据的涌现，基于序列到序

列 Seq2Seq（Sequence-to-Sequence）神经网络型（见图 7-10）的自然语言生成模型开始被应用到各种文本生成任务中，比如机器翻译[302]、文本摘要[303]、对话系统[304]等。这些模型完全采用数据驱动的方式，通过端到端的训练使神经网络模型直接从数据中学习人类自然语言文本的生成模式，省去了传统方法所需要的人工。该模型的研究主要集中在提升文本生成的多样性、如何在文本生成过程中引入更多的信息，例如话题[305,306]和情绪[307]等，以及处理模型未知词汇的情况[308]。然而这些研究所提出的模型由于缺乏对知识的理解与建模，因此都面临着生成通用回复和无意义回复等问题。

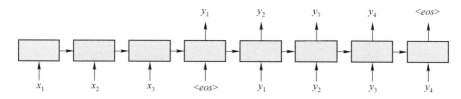

图 7-10　序列到序列神经网络示意图

为了解决这个问题，一些研究尝试将人类的知识引入多种文本生成的任务，以提升生成文本的质量。例如，注意力机制[304,309]和序列到依存树模型[310]将单词的共现及句子的依存语法结构引入机器翻译；将外部非结构化的文本知识或结构化的数据库引入对话系统来辅助知识的理解与生成[311-315]；将领域相关的知识库[316]或结构[317]引入文本摘要，以提升文本生成质量。

## 7.2.1　常识知识驱动的对话生成模型

语义理解对于自然语言处理生成任务至关重要[318,319]。由于对话交互是一种语义活动[320]，因此引入常识知识是开发一个成功对话系统的重要因素之一。开放领域的对话系统对于生成更有效的交互信息尤为重要，因为社会共享的常识知识是人们熟知背景知识的集合[321-324]。

最近一段时间，各种各样的基于神经网络的对话生成模型被提出并应用于开放领域的对话系统[304,325]。由于这些模型倾向于产生通用回复，因此在许多情况下无法对用户的输入产生适当和富有信息量的回复。因为仅仅从训练数据中学习对话的语义交互是不足以让模型对用户输入语句的语义及其中包含的背景知识进行深入理解的[311]，因此，如果对话生成模型可以被获取并能充分利用大规模的常识知识，就可以更好地理解用户的输入语句并更加恰当地进行回复。例如，要理解这样一组对话"不要在餐厅点酒，要免费的水"和"这可不适用于德国。这里水比酒还要贵，还是自己带水吧"，我们需要常识知识，如（水，位于，餐厅）、（免费，相关，贵）等。

本节将介绍一种常识知识驱动的对话生成模型 CCM（Commonsense knowledge aware Conversational Model）[326]。常识知识驱动的对话生成模型可以使用常识知识辅助对话系统理解与生成自然语言，如图 7-11 所示。

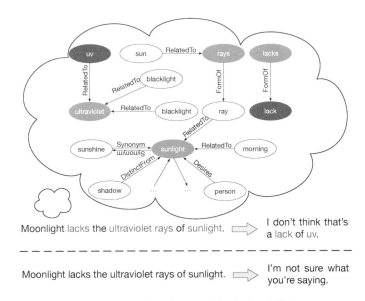

图 7-11　引入常识知识驱动的对话生成模型

CCM 使用一个大规模的常识知识图谱[323]帮助用户理解输入语句的背景知识，并且利用这些背景知识辅助对话系统生成回复。根据用户输入的语句，CCM 首先根据单词匹配检索出一系列相关的知识子图，然后提出两种图注意力机制来全面利用知识图谱的信息进行对话生成：一种是静态的图注意力机制，用来将用户问题相关的知识子图信息进行结构化表示，辅助模型理解用户输入语句的背景知识和语义；另一种是动态的图注意力机制，使模型可以在生成回复时，在相关的知识子图中动态选择最可能的实体生成回复，进而提升生成回复的信息量。

**1. 任务定义和模型概述**

首先，形式化定义引入常识知识的对话生成任务。给定一个用户输入语句 $X = x_1 x_2 \cdots x_n$ 和相关知识图谱 $G = \{ g_1, g_2, \cdots, g_{N_G} \}$，任务目标是生成合适的对话回复 $Y = y_1 y_2 \cdots y_m$。从本质上来讲，引入常识知识的对话生成模型建模了生成概率 $P(Y \mid X, G) = \prod_{t=1}^{m} P(y_t \mid y_{<t}, X, G)$。相关知识图谱是用用户输入语句中的单词作为索引从常识知识库中检索而来的，每一个匹配的单词对应一个知识子图 $G$，未匹配的单词对应一个提前定义的特殊知识子图 Not_A_Fact。每一个知识子图由一系列知识三元组构成，$g_i = \{ \tau_1, \tau_2, \cdots, \tau_{N_{g_i}} \}$。每一个知识三元组，即（头实体、关系、尾实体）均表示为 $\tau = (h, r, t)$。TransE[53] 被用作知识图谱中实体和关系的向量表示。为了弥补知识图谱和对话语料之间的语义差异，CCM 使用多元感知机神经网络将实体和关系的向量表示进行变换，表示为 $k = (h, r, t) = \mathrm{MLP}(\mathrm{TransE}(h, r, t))$。其中，$h/r/t$ 是映射后 $h/r/t$ 的 TransE 向量表示。

CCM 框架示意图如图 7-12 所示。在编码器-注意力-解码器神经网络[309,327] 的基础上，CCM 引入知识感知的编码器和生成器两个模块，分别采用静态的图注意力机制和动态的图注意力机制引入常识知识图谱的结构化知识。知识感知的编码器根据用户的输入语句 $X = x_1 x_2 \cdots x_n$ 和检索到的知识图谱 $G = \{ g_1, g_2, \cdots, g_{N_G} \}$，使用静态的图注意力机制得到用户输入的每一个单词的知识图谱表示。知识感知的生成器的目标是使用动态的图注意力机制生成富含信息量的对话回复 $Y = y_1 y_2 \cdots y_m$。在每一个解码的位置，动态地读取检索到的知识图谱和图谱中的每一个实体后，可从知识图谱中生成一个实体或从模型词表中生成一个普通单词。

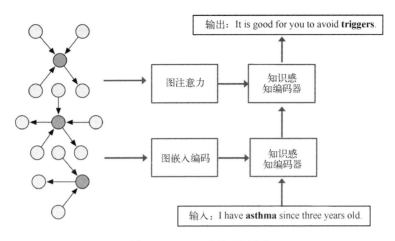

图 7-12　CCM 框架示意图

### 2. 知识感知的编码器

知识感知的编码器被用来辅助模型理解用户的输入语句，通过引入每个单词对应的相关知识图谱，可以增强模型对每一个单词的语义理解，如图 7-13 所示。知识感知的编码器使用用户输入语句的每一个单词 $x_t$ 作为索引，从整个常识知识库检索得到对应的知识子图 $g_i = \{\tau_1, \tau_2, \cdots, \tau_{N_{g_i}}\}$（图中 Knowledge Graph）。每一个知识子图由索引实体（图中 Key Entity）、相邻实体（图中 Nelghboring Entity）及相连的关系组成。对于无法匹配到知识子图的一般词汇（如 of），则对应于一个提前定义的包含特殊符号 Not_A_Fact（图中 Not_A_Fact Triple）的知识子图后，知识感知的编码器使用静态的图注意力机制计算出知识子图的结构化的向量表示 $g_i$，并将 $g_i$ 和单词的词向量拼接 $e(x_t) = [w(x_t); g_i]$ 输入编码器中，得到最终用户输入语句的表示向量。

静态的图注意力机制将知识子图的结构化知识进行编码，得到整个知识子图的向量化表示，以此来增强模型对每一个单词的语义理解。从形式化来看，该编码器的输入为一个知识子图 $g_i$ 所包含的知识三元组的向量表示 $k(g_i) = \{k_1, k_2, \cdots, k_{N_{g_i}}\}$，输出一个知识子图表示向量 $g_i$，计算过程为

$$g_i = \sum_{n=1}^{N_{g_i}} \alpha_n^s [h_n; t_n] \tag{7-1}$$

179

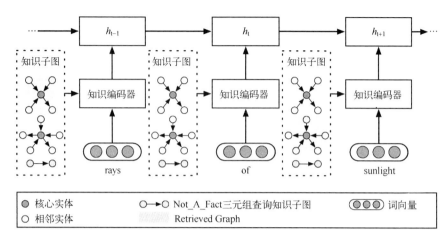

图 7-13 知识感知的编码器示意图

$$\alpha_n^s = \frac{\exp(\beta_n^s)}{\sum_{j=1}^{N_{g_i}} \exp(\beta_j^s)} \qquad (7-2)$$

$$\beta_n^s = (\boldsymbol{W}_r \boldsymbol{r}_n)^{\mathrm{T}} \tanh(\boldsymbol{W}_h \boldsymbol{h}_n + \boldsymbol{W}_t \boldsymbol{t}_n) \qquad (7-3)$$

其中，$(\boldsymbol{h}_n, \boldsymbol{r}_n, \boldsymbol{t}_n) = \boldsymbol{k}_n$；$\boldsymbol{W}_h$、$\boldsymbol{W}_r$、$\boldsymbol{W}_t$ 是头实体、关系、尾实体对应的变换矩阵。从本质上来看，知识子图表示向量 $\boldsymbol{g}_i$ 是对知识子图中头实体和尾实体向量 $[\boldsymbol{h}_n; \boldsymbol{t}_n]$ 的加权平均。

### 3. 知识感知的生成器

知识感知的生成器通过充分利用检索到的相关知识图谱生成恰当且富有信息量的对话回复，如图 7-14 所示。知识感知的生成器在 CCM 中起到了两个作用：

① 选择性地读取检索到的知识图谱信息并得到知识图谱的注意力向量，以此更新解码器状态；

② 选择词表中的普通单词或知识图谱中的实体进行对话回复的生成。

从形式化来看，更新解码器状态的过程为

$$\boldsymbol{s}_{t+1} = \mathrm{GRU}\{\boldsymbol{s}_t, [\boldsymbol{c}_t; \boldsymbol{c}_t^g; \boldsymbol{c}_t^k; \boldsymbol{e}(y_t)]\} \qquad (7-4)$$

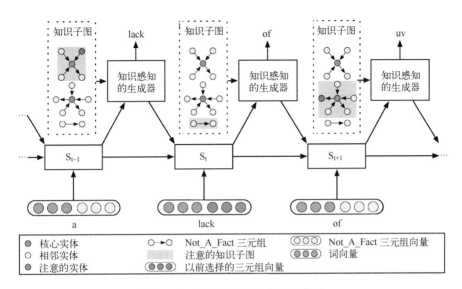

图 7-14　知识感知的生成器示意图

$$e(y_t) = \left[\, w(y_t)\,; k_j \,\right] \tag{7-5}$$

其中，$e(y_t)$ 是词向量 $w(y_t)$ 和上一时刻关注的知识三元组向量 $k_j$ 的拼接；$c_t$ 是注意力机制[309]产生的上下文向量；$c_t^g$ 和 $c_t^k$ 是动态的图注意力机制根据知识子图表示向量 $\{g_1, g_2, \cdots, g_{N_G}\}$ 和知识三元组表示向量 $[\, K(g_1), K(g_2), \cdots, K(g_{N_G})\,]$ 所产生的注意力向量。

　　动态的图注意力机制是一种层次化的、自上而下的过程，首先选择性地读取所有知识子图，然后读取所有知识子图内的知识三元组，以此生成最后的对话回复。给定输入解码器状态 $s_t$，首先关注所有的知识子图向量 $\{g_1, g_2, \cdots, g_{N_G}\}$，计算每一个知识子图的相关性，定义为

$$c_t^g = \sum_{i=1}^{N_G} \alpha_{t_i}^g g_i \tag{7-6}$$

$$\alpha_{t_i}^g = \frac{\exp(\beta_{t_i}^g)}{\displaystyle\sum_{j=1}^{N_G} \exp(\beta_{t_j}^g)} \tag{7-7}$$

$$\beta_{t_i}^g = V_b^{\mathrm{T}} \tanh(W_b s_t + U_b g_i) \tag{7-8}$$

其中，$\boldsymbol{V}_b$，$\boldsymbol{W}_b$，$\boldsymbol{U}_b$ 为网络参数；$\alpha^g_{t_i}$ 是 $t$ 时刻选择知识子图 $\boldsymbol{g}_i$ 的概率。知识子图的注意力向量 $\boldsymbol{c}^g_t$ 是所有知识子图向量的加权平均，其权重建模了每一个知识子图 $\boldsymbol{g}_i$ 和解码器状态 $\boldsymbol{s}_t$ 的相关性。

之后，知识感知的生成器关注每一个知识子图 $\boldsymbol{g}_i$ 中知识三元组表示向量 $\boldsymbol{K}(g_i) = \{\boldsymbol{k}_1, \boldsymbol{k}_2, \cdots, \boldsymbol{k}_{N_{gi}}\}$，计算用作回复的知识三元组生成概率。其计算过程为

$$\boldsymbol{c}^k_t = \sum_{i=1}^{N_G} \sum_{j=1}^{N_{gi}} \alpha^g_{t_i} \alpha^k_{t_j} \boldsymbol{k}_j \tag{7-9}$$

$$\alpha^k_{t_j} = \frac{\exp(\beta^k_{t_j})}{\sum_{n=1}^{N_{gi}} \exp(\beta^k_{t_n})} \tag{7-10}$$

$$\beta^k_{t_j} = \boldsymbol{k}_j^{\mathrm{T}} \boldsymbol{W}_c \boldsymbol{s}_t \tag{7-11}$$

其中，$\beta^k_{t_j}$ 可以视为每一个知识三元组向量 $\boldsymbol{k}_j$ 和解码器状态 $\boldsymbol{s}_t$ 的相似度；$\alpha^k_{t_j}$ 是 $t$ 时刻选择知识子图中知识三元组 $\tau_j$ 的概率。

最后，根据如下概率分布，知识感知的生成器选择一个词表中的一般单词或知识图谱中的实体（知识实体是选中知识三元组的相邻实体），即

$$\boldsymbol{a}_t = [\boldsymbol{s}_t; \boldsymbol{c}_t; \boldsymbol{c}^g_t; \boldsymbol{c}^k_t] \tag{7-12}$$

$$\gamma_t = \mathrm{sigmoid}(\boldsymbol{V}_o^{\mathrm{T}} \boldsymbol{a}_t) \tag{7-13}$$

$$P_c(y_t = w_c) = \mathrm{softmax}(\boldsymbol{W}_o \boldsymbol{a}_t) \tag{7-14}$$

$$P_e(y_t = w_e) = \alpha^g_{t_i} \alpha^k_{t_j} \tag{7-15}$$

$$y_t \sim \boldsymbol{o}_t = P(y_t) = \begin{bmatrix} (1 - \gamma_t) P_g(y_t = w_c) \\ \gamma_t P_e(y_t = w_e) \end{bmatrix} \tag{7-16}$$

其中，$\gamma_t \in [0,1]$ 是一个标量，用来均衡选择知识实体 $w_e$ 或一般词汇 $w_c$；$P_c$，$P_e$ 是一般单词和知识实体的生成概率，两者相结合得到最终的生成概率。

**4. 损失函数**

CCM 模型的损失函数是预测单词概率 $o_t$ 和训练数据真实概率分布 $p_t$ 的交

又熵。除此之外，CCM 还在知识感知的生成器中加入监督信号来指导模型对一般词汇和知识实体的选择。对于单一训练样本 $<X, Y>$（$X = x_1 x_2 \cdots x_n$，$Y = y_1 y_2 \cdots y_m$），损失函数被定义为

$$L(\theta) = -\sum_{t=1}^{m} p_t \log(o_t) - \sum_{t=1}^{m} \left[ q_t \log(\gamma_t) + (1 - q_t) \log(1 - \gamma_t) \right] \quad (7\text{-}17)$$

其中，$\gamma_t$ 是选择知识实体或一般词汇的概率；$q_t \in \{0, 1\}$ 是训练数据中的真实选择标注。

### 5. 生成结果

对话生成样例见表 7-2。用户输入语句中的加黑单词 "**breakable**" 是知识库中的知识实体，同时也是一个词表外的单词（OOV）。由于无法获取知识库的信息，因此在 Seq2Seq 模型[327] 生成的回复中包含大量 "**OOV**" 字符。MemNet 模型[311] 由于可以获取知识库信息，因此可以生成有一定意义的回复，但是仍然倾向于生成 "**OOV**" 字符。CopyNet 模型[314] 由于独立建模各个知识三元组，因此生成回复的信息量（知识实体数量）少于 CCM 模型（定量实验证明）。与上述模型不同的是，CCM 模型可将所有知识三元组当作一个完整的知识图谱进行结构化建模，可以更好地利用知识图谱的信息，生成更加恰当且具有信息量的对话回复。

表 7-2　对话生成样例

| Post | Why are you so **breakable**? |
|------|-------------------------------|
| Knowledge | (**glass**, RelatedTo, **breakable**),<br>(**brittle**, RelatedTo, **breakable**),<br>(**rule**, RelatedTo, **breakable**) |
| Seq2Seq | I'm not a **OOV**, I'm just a **OOV**. |
| MemNet | I'm not **OOV**. I'm just a really nice person. |
| CopyNet | I'm not. I'm just a lurker. |
| CCM | Because I'm a **brittle** man. |

## 7.2.2　常识知识驱动的故事结局生成模型

故事生成是一个非常重要且极具挑战性的任务，要求处理上下文的逻辑关系和其中隐含的常识知识[328-333]。故事结局生成旨在根据给定的故事上文完成故事情节。完成这个任务要从两方面入手：一方面是要合理地表示上下文的逻辑线索，包含对于规划一个合理故事结局的最重要信息；另一方面是使用必要的常识知识来增强模型对于故事内容的理解，以便更好地预测接下来将要发生的事情。相比文本蕴含或阅读理解等任务[334,335]，故事结局生成要求处理故事上下文之间更多的时序和因果关系。这些关系甚至可能跨越多个句子，承载故事中的逻辑信息。因此，故事结局应该通过分析故事的整个上下文线索来生成，而不仅仅是从某一个实体或句子来推断。要预测故事结局中的事件，表示上下文线索至关重要。生成一个合理的故事结局还依赖于对超出文本表面知识的语言理解能力。人们在理解故事时常常代入自己的经验和常识。图 7-15 展示了一个 ROCStories[336] 故事语料库中的典型实例。故事结局中的"糖果"就能被看作"万圣节"的常识知识，而这样的常识知识对于故事结局生成是非常关键的。

图 7-15 中，故事上下文中的事件和实体组成故事的逻辑线索；"万圣节""怪兽"等概念被连接成一个图结构，一个合理的故事结局应该考虑所有这些被连接起来的概念。更进一步，在常识知识库 ConceptNet[323] 中，"万圣节"与"糖果"高度相关。在常识知识的帮助下，模型能更容易推断一个逻辑合理的故事结局。

为了解决故事结局生成任务中有关上下文逻辑和常识知识的问题，研究者设计了递增式编码（Incremental Encoding，IE）框架来有效编码上下文逻辑线索，以及多源注意力（Multi-Source Attention，MSA）机制来有效利用常识知识（见图 7-16）。当编码故事中的某句话时，模型不仅关注之前句子中的词，还关注这些词从 ConceptNet 中检索到的知识图谱。这

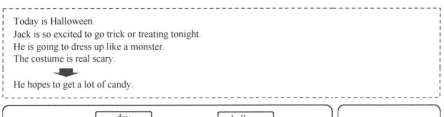

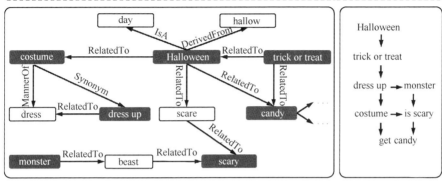

图 7-15　ROCStories[336] 故事语料库中的典型实例

样一来，常识知识就能通过一些图表示技巧进行编码，进而增强模型对故事的理解能力。

故事结局生成任务能进行如下形式化的定义：给定故事的上下文，即一个句子序列 $X = \{X_1, X_2, \cdots, X_K\}$，其中 $X_i = x_1^{(i)} x_2^{(i)} \cdots x_{l_i}^{(i)}$ 表示故事中的第 $i$ 个句子，共包含 $l_i$ 个词，模型需要生成一个逻辑合理的一句话结局 $Y = y_1 y_2 \cdots y_l$，即

$$Y^* = \underset{Y}{\operatorname{argmax}} P(Y \mid X) \tag{7-18}$$

### 1. 递增式编码（Incremental Encoding，IE）框架

编码故事上下文最直接的方法：①把 $K$ 个句子拼接成一个长句，用 LSTM 编码；②用层次 LSTM 编码，同时使用层次注意力机制，首先关注句子层 LSTM 的隐状态，然后关注单词层 LSTM 的隐状态。然而，这些方法难以有效表示承载关键逻辑信息的上下文线索。

为了更好地表示上下文线索，研究者提出 IE 框架：当编码当前的句子 $X_i$ 时，通过注意力机制得到前一个句子 $X_{i-1}$ 的注意力上下文向量。这种编码方式

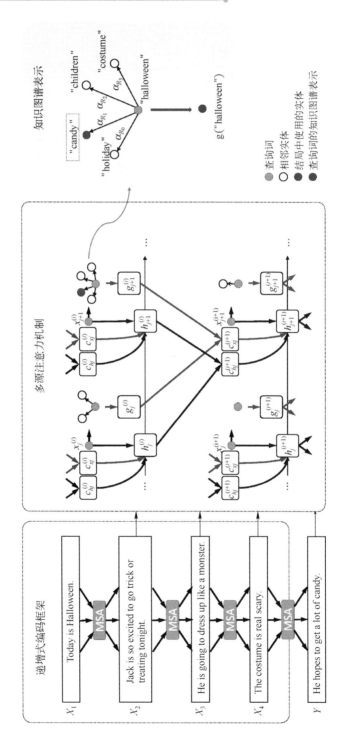

图7-16 递增式编码和多源注意力机制示意图

能够隐式地捕捉相邻句子中单词之间的关系。这个过程可按以下方式形式化，即

$$h_j^{(i)} = \text{LSTM}\left[\, h_{j-1}^{(i)}, e(x_j^{(i)}), c_{l_j}^{(i)} \,\right], i \geqslant 2 \qquad (7\text{-}19)$$

其中，$h_j^{(i)}$ 是第 $i$ 个句子中第 $j$ 个位置的隐状态；$e(x_j^{(i)})$ 是第 $j$ 个词 $x_j^{(i)}$ 的词向量；$c_{l_j}^{(i)}$ 是对前一个句子 $X_{i-1}$ 的注意力上下文向量，将在下一节中对其进行详细描述。

在解码过程，解码器从最后一个句子 $X_K$ 中获得一个上下文向量作为上下文线索。解码器的隐状态获得方式为

$$s_t = \text{LSTM}\left[\, s_{t-1}, e(y_{t-1}), c_{l_t} \,\right] \qquad (7\text{-}20)$$

其中，$c_{l_t}$ 是对 $X_K$ 的注意力上下文向量。

**2. 多源注意力（Multi-Source Attention，MSA）机制**

上下文向量 $c_l$ 在表示故事的上下文线索上非常重要，因其捕捉了相邻两个句子的单词或状态之间的关系。正如上文中提到的那样，故事的理解常常需要超越文本的常识知识。因此，上下文向量由两部分组成，并且通过 MSA 来计算：第一部分 $c_{b_j}^{(i)}$ 通过关注上一个句子的隐状态得到；第二部分 $c_{x_j}^{(i)}$ 通过关注上一个句子的知识图向量得到。综上，使用 MSA 机制的上下文向量可以通过如下方式计算，即

$$c_{l_j}^{(i)} = W_t\left[\, (c_{h_j}^{(i)}; c_{x_j}^{(i)}) \,\right] + b_l \qquad (7\text{-}21)$$

其中，$c_{h_j}^{(i)}$ 被称作状态上下文向量；$c_{x_j}^{(i)}$ 被称作知识上下文向量。状态上下文向量是前一个句子 $X_{i-1}$ 隐状态的加权平均，通过以下方式计算，即

$$c_{h_j}^{(i)} = \sum_{k=1}^{l_{i-1}} \alpha_{h_\kappa, j}^{(i)} h_k^{(i-1)} \qquad (7\text{-}22)$$

$$\alpha_{h_k, j}^{(i)} = \frac{e^{\beta_{h_k, j}^{(i)}}}{\sum\limits_{m=1}^{l_{i-1}} e^{\beta_{h_m, j}^{(i)}}} \qquad (7\text{-}23)$$

$$\beta_{h_{\kappa},j}^{(i)} = h_{j-1}^{(i)\mathrm{T}} W_s h_k^{(i-1)} \tag{7-24}$$

其中，$\beta_{h_{\kappa},j}^{(i)}$ 被看作 $X_i$ 中的隐状态 $h_{j-1}^{(i)}$ 和 $X_{i-1}$ 中的隐状态 $h_k^{(i-1)}$ 之间的相似性权重。

同样，知识上下文向量是前一个句子知识图向量的加权平均。句子中的每个词都能被视作一个查询，可以从 ConceptNet 中检索出一个一跳的知识图谱，并且每张知识图谱都能被一个图向量表示。在获得这些图向量之后，知识上下文向量能按照如下方式计算，即

$$c_{x_j}^{(i)} = \sum_{k=1}^{l_{i-1}} \alpha_{x_k,j}^{(i)} g(x_k^{(i-1)}) \tag{7-25}$$

$$\alpha_{x_k,j}^{(i)} = \frac{e^{\beta_{x_k,j}^{i}}}{\sum_{m=1}^{l_{i-1}} e^{\beta_{x_m,j}^{(i)}}} \tag{7-26}$$

$$\beta_{x_k,j}^{(i)} = h_{j-1}^{(i)\mathrm{T}} W_k g(x_k^{(i-1)}) \tag{7-27}$$

其中，$g(x_k^{(i-1)})$ 是根据单词 $x_k^{(i-1)}$ 检索到的知识图谱对应的图向量。不同于词向量 $e(x_k^{(i-1)})$，$g(x_k^{(i-1)})$ 编码了常识知识，通过相邻的实体和关系扩展了 $x_k^{(i-1)}$ 的语义表示。

解码过程可以通过对最后一个句子 $X_K$ 的注意力得到知识上下文向量，没有必要关注上下文中的所有句子，因为上下文线索已经通过 IE 框架进行了传递。

### 3. 知识图谱表示

为了引入常识知识，增强语言理解和生成，研究者从 Concept Net①[323] 中为故事中的每个单词进行了知识检索。ConceptNet 是一个语义网络，由很多类似 $R = (h, r, t)$ 的三元组组成。每个三元组均表示头实体 $h$ 与尾实体 $t$ 有关系 $r$。目前有很多种方法来表示常识知识。研究者采用其中两

---

① https://conceptnet.io。

种：①图注意力（Graph Attention，GA）机制[326,337]；②上下文注意力（Contextual Attention，CA）机制[338]。

（1）图注意力（GA）机制

单词 $x$ 的知识图谱可以形式化地用一系列三元组 $\boldsymbol{G}(x) = \{R_1, R_2, \cdots, R_{N_x}\}$ 表示。其中每个三元组 $R_i$ 都有同样的头实体 $x$，$R_i \in G(X)$。单词 $x$ 的知识图向量 $\boldsymbol{g}(x)$ 能通过 GA 机制得到，即

$$\boldsymbol{g}(x) = \sum_{i=1}^{N_x} \alpha_{R_i} [h_i; \boldsymbol{t}_i] \tag{7-28}$$

$$\alpha_{R_i} = \frac{\mathrm{e}^{\beta_{R_i}}}{\sum_{j=1}^{N_x} \mathrm{e}^{\beta_{R_j}}} \tag{7-29}$$

$$\beta_{R_i} = (\boldsymbol{W_r r_i})^{\mathrm{T}} \tanh(\boldsymbol{W_h h_i} + \boldsymbol{W_t t_i}) \tag{7-30}$$

其中，$(h_i, r_i, t_i) = R_i \in \boldsymbol{G}(x)$，用词向量表示这些实体，即 $\boldsymbol{h}_i = \boldsymbol{e}(h_i)$，$\boldsymbol{t}_i = \boldsymbol{e}(t_i)$，并且关系 $r_i$ 也有相应的可训练向量 $\boldsymbol{r}_i$。由此训练得到的单词知识语义能用知识库中相邻的概念和关系表示。

（2）上下文注意力（CA）机制

当使用 CA 机制时，知识图向量 $\boldsymbol{g}(x)$ 可通过如下方式计算，即

$$\boldsymbol{g}(x) = \sum_{i=1}^{N_x} \alpha_{R_i} \boldsymbol{M}_{R_i} \tag{7-31}$$

$$\boldsymbol{M}_{R_i} = \mathrm{BiGRU}(\boldsymbol{h}_i, \boldsymbol{r}_i, \boldsymbol{t}_i) \tag{7-32}$$

$$\alpha_{R_i} = \frac{\mathrm{e}^{\beta_{R_i}}}{\sum_{j=1}^{N_x} \mathrm{e}^{\beta_{R_j}}} \tag{7-33}$$

$$\beta_{R_i} = \boldsymbol{h}_{(x)}^{\mathrm{T}} \boldsymbol{W_c M}_{R_i} \tag{7-34}$$

其中，$\boldsymbol{M}_{R_i}$ 是通过 BiGRU 编码三元组 $R_i$ 得到的最终状态，可看作第 $i$ 个三元组的知识记忆单元；$\boldsymbol{h}_{(x)}$ 表示单词 $x$ 对应的隐状态。

**4. 损失函数**

为了更好地建模相邻句子之间的顺序和因果关系，研究者在编码网络中同样加入了监督信号，在编码每个句子时，同样生成一个词表上的概率分布，与解码过程非常相似，即

$$\mathcal{P}(y_t \mid y_{<t}, X) = \text{softmax}\left[ \boldsymbol{W}_o \boldsymbol{h}_j^{(i)} + \boldsymbol{b}_o \right] \qquad (7-35)$$

研究者用负对数似然作为网络的损失函数，即

$$\boldsymbol{\Phi} = \boldsymbol{\Phi}_{en} + \boldsymbol{\Phi}_{de} \qquad (7-36)$$

$$\boldsymbol{\Phi}_{en} = \sum_{i=2}^{K} \sum_{j=1}^{l_i} -\log \mathcal{P}(x_j^{(i)} = \tilde{x}_j^{(i)} \mid x_{<j}^{(i)}, X_{<i}) \qquad (7-37)$$

$$\boldsymbol{\Phi}_{de} = \sum_t -\log \mathcal{P}(y_t = \tilde{y}_t \mid y_{<t}, X) \qquad (7-38)$$

其中，$\tilde{x}_j^{(i)}$ 是第 $i$ 个句子中第 $j$ 个位置的真实单词；$\tilde{y}_t$ 是真实结局中的第 $j$ 个单词。

**5. 生成结果**

故事结局生成样例见表 7-3。Seq2Seq 模型[339]、层次 LSTM 模型[340]、引入复制机制[308]的层次 LSTM 模型在生成的故事结局中预测了不合适的实体和事件（如"蛋糕"），生成了重复的内容（如"她的家人"），在层次 LSTM 模型中使用 CA 或 GA 机制引入常识知识后，生成了一些有意义的概念，当同时使用 IE 框架引入常识知识时，生成了逻辑更相关、语法更通顺的结局。

表 7-3 故事结局生成样例

| Context | Martha is **cooking**a special **meal**for her family. She **wants everything to be just right**for when they eat. Martha **perfects everything**and puts her **dinner**into the **oven**. Martha goes to **lay down**for a quick **nap**. |
| --- | --- |

续表

| | |
|---|---|
| **Golden Ending** | She **oversleeps**and runs into the **kitchen**to take out her **burnt dinner**. |
| **Seq2Seq** | She was so happy to have a *new cake*. |
| **HLSTM** | Her family ***and her family***are very happy with her **food**. |
| **HLSTM+Copy** | **Martha** is happy to be able to *eat her family*. |
| **HLSTM+GA** | She is happy to be able to **cook her dinner**. |
| **HLSTM+CA** | She is very happy that she has made a new **cook**. |
| **IE** | She is very happy with her **family**. |
| **IE+GA** | When she gets back to the **kitchen**, she sees a **burning light**on the **stove**. |
| **IE+CA** | She realizes the **food**and is happy she was ready to **cook**. |

## 7.3　知识图谱在情感挖掘中的应用

　　情感分析①又称观念挖掘、情感挖掘，是自然语言处理中的一个重要研究方向。情感分析一般是利用自然语言处理、文本分析、计算语言学等技术和手段，分析书面语言中的情感、观点和态度的重要方法。情感分析的应用领域非常广阔，包括文本分类、对话系统、问答系统、文本生成等，根据任务的不同，可以区分为情感抽取、情感分类、情感摘要；根据所处理的粒度不同，可以区分为属性（或对象）级、句子级、篇章级等。

　　为了提高情感分析的性能，大量的语言学知识被用在情感分析任务中，取得了更好的效果。在情感分析领域，典型的语言学知识包括情感词典、否定词词表、程度副词词表、词性、句法结构等。研究表明，语言学知识对情感分析起到了积极的促进作用。情感分类和情感抽取是其中最具有代

---

　　① 本文中的情感分析一般指文本情感分析，除非有特别说明。

表性的两个方向，也是知识被应用得最为充分的两个任务。

### 7.3.1 语言学知识驱动的情感分类

情感分类（Sentiment Classification）一般是指对具有主观性色彩的文本进行分析推理的过程，即分析文本持有者的情感极性是正面情感、负面情感还是中性情感。一般来说，情感二分类和情感五分类是最常用的类别。情感二分类一般包括正面（Positive）情感和负面（Negative）情感两个类别；情感五分类一般包括非常正面（Very Positive）、正面（Positive）、中性（Neutral）、负面（Negative）、非常负面（Very Negative）五个类别，或者1星到5星五个类别。

Qian 等人[341]将情感词典、否定词词表和程度副词词表等情感资源引入LSTM，并提出语言学正则的情感分类模型，用于句子级别的情感分析，取得了良好的效果，如图 7-17 所示。该模型的基本思想是，当遇到与情感表达强烈相关的词时，对应位置的情感分布与该词的先验情感极性应该产生相应的变化，并通过分布上的正则体现。

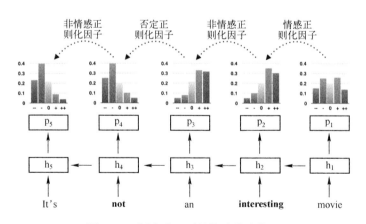

图 7-17　语言学正则的情感分类模型

语言学正则的的情感分类模型基于以下的语言学观察提出了若干正则。

**非情感正则**：如果两个相邻位置都是非情感词（由字典定义），那么这两个位置的情感分布应该接近。虽然这并不一定总是正确的，例如"肥皂电影"，但是在大多数情况下是正确的。

**情感正则**：如果一个单词在情感词典中出现了，那么这个位置的情感分布应该与前面或后面的位置有显著的区别。该模型使用情感类别特异的移位分布来处理这种现象。

**否定正则**：类似于"not""never"这样的否定词会对情感产生显著的影响，在很多情况下会使情感发生反转，需要综合上下文进行考虑。

**强度正则**：强度词语，例如"very"等在很多情况下会改变文本的情感强度，例如由正面变成非常正面。在细粒度的情感分类中，引入强度词语会显著影响模型的性能。

根据以上正则，语言学正则的情感分类模型将相对应的语言学知识有效地应用到模型中，并取得了良好的效果。表7-4给出了各个模型在电影评论和斯坦福情感分析树库数据集上的准确率。

表7-4　各个模型在电影评论和斯坦福情感分析树库数据集上的准确率

| Model | MR | SST（Phrase-level） | SST（Sentence-level） |
|---|---|---|---|
| RNN | 77.7* | 44.8 # | 43.2* |
| RNTN | 75.9# | 45.7* | 43.4# |
| LSTM | 77.4# | 46.4* | 45.6# |
| Bi-LSTM | 79.3# | 49.1* | 46.5# |
| Tree-LSTM | 80.7# | 51.0* | 48.1# |
| CNN | 81.5* | 48.0* | 46.9# |
| CNN-Tensor | – | 51.2* | 50.6* |
| DAN | – | – | 47.7* |
| NCSL | 82.9# | 51.1* | 47.1# |
| LR-LSTM | 81.5* | 50.2 | 48.2* |
| LR-Bi-LSTM | 82.1* | 50.6 | 48.6* |

表 7-4 中，RNN 是递归神经网络（Recursive Neural Network），可基于句法树对文本进行编码；RNTN 是递归神经张量网络（Recursive Neural Tensor Network），可以更有效地引入句法树子节点的相关关系；LSTM 是长短期记忆模型；Bi-LSTM 是使用双向 LSTM 进行上下文建模的方案；Tree-LSTM 是引入了树结构的长短期记忆模型；CNN 是卷积神经网络；CNN-Tensor 使用了张量操作；DAN（Deep Average Network）模型将句子中所有的词向量求平均并与 MLP 层相连接得到输出；NCSL（Neural Context-Sensitive Lexicon）模型引入了许多语言学资源；LR-LSTM 和 LR-Bi-LSTM 在各种语言学知识的正则下，取得了最好的效果。

## 7.3.2 知识图谱驱动的情感分析

目前，大部分的人工智能系统都利用统计方法从大量数据中归纳出模式、做出预测、提出建议分类等。虽然这样的技术路线取得了巨大成功，但是也存在以下不足。

**独立性（Dependency）**：基于统计的人工智能系统通常需要大量的训练数据，且领域相关，数据成本较高。

**一致性（Consistency）**：不同的训练、微调方法等都会对结果产生显著的影响。

**透明性（Transparency）**：目前的推理过程仍然不够智能，换句话说，仍属于黑箱算法。

因此，Cambria 和 Poria 等在参考文献［342］中将逻辑符号和统计机器学习结合在一起，自动从文本中挖掘概念原语（Conceptual Primitives），并将其链接到常识概念（Commonsense Concepts）和命名实体（Named Entities）上。基于以上考虑，提出 SentiNet 5 网络。该网络在情感分析任务中表现了优良的性能。

为了更好地加深理解，研究者对出现在本节的重要名词做出简单解释，见表 7-5。

表 7-5 重要名词解释

| 中　　文 | 英　　文 | 解　　释 |
| --- | --- | --- |
| 概念原语 | Conceptual Primitives | 具有相同上下文语义的一类相似概念群，本文由于分析情感任务，所以还要求情感一致性 |
| 符号模型 | Symbol Model | 利用语法等自然语言规则，采用自上而下的方法来匹配底层的数据 |
| 统计模型 | Statistical Model | 利用统计等机器学习方法，采用自下而上的规则来归纳语义信息 |

情感分析的两大类方法分别是基于统计和基于知识的模型。尤其是近年来，虽然基于深度学习的神经网络方法取得了巨大的成功，但是还没有克服依赖大量数据、可解释性差、多次实验一致性欠佳等问题。基于知识的方法一般是领域相关的，而且需要花费大量的人力、物力构建，限制了有效的应用。所以，SentiNet 5 尝试将两种模型结合起来，期望可以利用深度学习提取文本中的概念原语，并将概念原语和知识图谱链接在一起，构成一个具有较强推理能力的模型。

首先介绍一下用于抽取文本中概念原语的模型，如图 7-18 所示。

一个文本（此处为句子）可以表示为由一个单词构成的序列，如 $S = [w_1, w_2, \cdots, w_n]$，$n$ 是句子中单词的数量，可以根据目标词语（Target Words）所在的位置，将句子分为前后两个部分：$[w_1, w_2, \cdots, w_{i-1}]$ 和 $[w_{i+1}, \cdots, w_n]$。这里，$c = w_i$ 是目标语语。词向量是预训练得到的，如 Word2vec[32]、gLoVe[33] 等。此处采用谷歌使用的 30 亿个单词预训练的词向量，即首先使用一个 Bi-LSTM 对输入文本进行编码，LSTM 的计算过程为

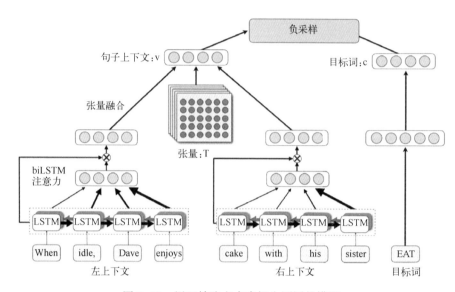

图 7-18　用于抽取文本中概念原语的模型

$$X = \begin{bmatrix} \boldsymbol{h}_{t-1} \\ \boldsymbol{x}_t \end{bmatrix} \tag{7-39}$$

$$\boldsymbol{f}_t = \sigma(\boldsymbol{W}_f \cdot \boldsymbol{X} + \boldsymbol{b}_f) \tag{7-40}$$

$$\boldsymbol{i}_t = \sigma(\boldsymbol{W}_i \cdot \boldsymbol{X} + \boldsymbol{b}_i) \tag{7-41}$$

$$\boldsymbol{o}_t = \sigma(\boldsymbol{W}_o \cdot \boldsymbol{X} + \boldsymbol{b}_o) \tag{7-42}$$

$$\boldsymbol{c}_t = \boldsymbol{f}_t \odot \boldsymbol{c}_{t-1} + \boldsymbol{i}_t \odot \tanh(\boldsymbol{W}_c \cdot \boldsymbol{X} + \boldsymbol{b}_c) \tag{7-43}$$

$$\boldsymbol{h}_t = \boldsymbol{o}_t \odot \tanh(\boldsymbol{c}_t) \tag{7-44}$$

其中，$\boldsymbol{W}_f$、$\boldsymbol{W}_i$、$\boldsymbol{W}_o$、$\boldsymbol{b}_f$、$\boldsymbol{b}_i$、$\boldsymbol{b}_o$ 是模型参数；$\sigma$ 是 Sigmoid 函数；$\odot$ 代表点乘操作。

目标词语（Target Words）的表示采用多层神经网络（Multilayer Neural Network），计算方法为

$$\boldsymbol{C}^* = \tanh(\boldsymbol{W}_a \cdot \boldsymbol{C} + \boldsymbol{b}_a) \tag{7-45}$$

$$\boldsymbol{c} = \tanh(\boldsymbol{W}_b \cdot \boldsymbol{C}^* + \boldsymbol{b}_b) \tag{7-46}$$

其中，$W_a$、$W_b$、$b_a$、$b_b$ 是模型参数；$c$ 是目标词语最后的向量表示。

为了计算哪些短语更为重要，引入注意力机制，计算方法为

$$P = \tanh(W_h \cdot H_L C) \tag{7-47}$$

$$\alpha = \mathrm{softmax}(w^{\mathrm{T}} \cdot P) \tag{7-48}$$

$$r = H_{\mathrm{LC}} \cdot \alpha^{\mathrm{T}} \tag{7-49}$$

其中，$w$ 是注意力机制的参数。

采用下面的方法可以得到部分的句子表示，即

$$r^* = \tanh(W_p \cdot r) \tag{7-50}$$

通过以上这些计算方法可以得到上文的句子表示 $E_{\mathrm{LC}} = r^*$。类似地，注意力机制也被应用到句子的下文，以此得到 $E_{\mathrm{RC}}$。

采用下面的非线性融合方法可以得到最终的句子上下文表示 $v$，即

$$v = \tanh\left[ E_{\mathrm{LC}}^{\mathrm{T}} \cdot T^{1:k} \cdot E_{\mathrm{RC}} + W \cdot \begin{pmatrix} E_{\mathrm{LC}} \\ E_{\mathrm{RC}} \end{pmatrix} + b \right] \tag{7-51}$$

采用负采样的方法对模型进行训练，训练目标为

$$\mathrm{Obj} = \sum_{c,v} \left\{ \log[\sigma(c \cdot v)] + \sum_{i=1}^{z} \log[\sigma(-c_i \cdot v)] \right\} \tag{7-52}$$

（1）概念原语的抽取

分别计算其他单词 $b$ 与句子的上下文表示 $v$ 和目标单词 $c$ 的相似度，通过排序即可得到相似单词词簇。在词簇构建完成后，直接选取词频最高的单词作为词簇标签，即为概念原语。相似度的计算方法为

$$\mathrm{dist}[b,(c,v)] = \cos(b,v) \cdot \cos(b,c) \tag{7-53}$$

采用这种基于深度学习的方法可以较好地实现本文提出的单词替换功能。

例如，munch_toast 和 slurp_noodles 分别代表 "咀嚼吐司" 和 "啧啧吃面

条"。munch 和 slurp 都是动词，toast 和 noodles 都是名词，由它们构成了 EAT 和 FOOD 两类词群，因此 munch_toast 可以被替换为 slurp_noodles。

（2）概念原语和知识图谱的链接

SentiNet 5 提出的知识有三层结构，分别是原语级别（Primitive Level）、概念级别（Concept Level）和实体级别（Entity Level），如图 7-19 所示。

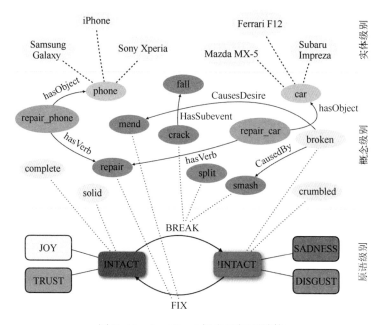

图 7-19　SentiNet 5 提出的知识结构

图 7-19 中，原语级别用来抽取原始的词簇，并且定位概念原语；概念级别是将概念原语和常识词汇相链接；实体级别是将常识概念的词语和具体的命名实体相链接。INTACT 显然是一个正面情感，比如 JOY 和 TRUST；负面情感用!INTACT 表示，比如 SADNESS 和 DISGUST；相互转化的动词 BREAK 和 FIX 是概念原语。概念原语的替换词群体现在概念级别中。

SentiNet 5 的优点在于可以进行情感推理。比如，在遇到新词组 repair_phone 或 repair_car 时，可以知道 repair 属于 FIX 词簇，可以将状态转化为 INTACT，情感倾向应该为正面情感。

基于此，在电影评论（Movie Review）数据集上进行了实验，实验结果见表7-6。

表7-6 基于深度学习模型和基于情感图谱模型的实验结果

| Framework | Accuracy |
|---|---|
| Socher et al.，2012 | 80.0% |
| Socher et al.，2013 | 85.4% |
| Sentic Patterns and SenticNet 4 | 90.1% |
| Sentic Patterns and SenticNet 5 | 92.8% |

表7-6中，"Socher et al.，2012"指的是Socher等人在2012年提出的递归神经网络（Recursive Neural Network）模型；"Socher et al.，2013"指的是Socher等人在2013年提出的递归神经张量网络（Recursive Neural Tensor Network）模型；其他两个是本文模型和本文对比模型。从实验结果中可以明显看出，基于Sentic Patterns and SentiNet的模型明显优于其他模型。美中不足的是，如果该实验能与更全面的情感分析模型进行对比，那么结果会更有信服力。

## 7.4 本章小结

本章从知识库问答、文本生成、情感分析三个角度对知识图谱的应用进行了探讨。

顾名思义，在知识库问答中，知识库一方面作为答案来源支持问答系统的答案寻找，另一方面也可能成为语义分析的重要资源，如问题中的命名实体识别和命名实体链接。现有的搜索引擎虽然大多数都支持常见问题的知识库问答，但在大规模开放领域的知识库问答方面仍然存在不少挑战。本章介绍了三种典型的知识库问答技术框架：基于信息抽取的知识库问答、基于语义解析的知识库问答、基于嵌入表示的知识库问答。

　　语言生成是近几年自神经语言生成模型兴起后的热门研究方向。知识在其中可以扮演重要的角色。在编码表示层面，实体、关系等信息可以显著提高向量表示的语义表示能力；在解码生成层面，可以通过与知识图谱信息融合，实现知识感知的解码生成。特别是最近出现的预训练模型，与知识结合将会发挥更大的威力。本章介绍了在对话生成、故事生成等任务中如何结合知识进行语言生成。在缺乏数据及需要常识、背景知识的生成任务中，知识的作用将会更加显著。

　　情感分析是自然语言处理的一个重要研究方向，对决策者进行决策具有非常重要的意义。本章从语言学知识驱动的情感分析和知识图谱驱动的情感分析两个方面展开阐述，介绍目前国际最前沿且最重要的研究进展。

# 第8章

知识图谱资源

知识图谱通过结构化方式描述客观世界中实体之间的关系。知识图谱在搜索、问答等任务中产生了很大的正面影响，已经和深度学习、大数据等一起成为了促进人工智能发展的核心驱动力。2012 年，谷歌公司提出知识图谱的概念并用于改进搜索体验，获得了巨大的成功。随着研究的深入，知识图谱不再被限定在搜索领域，在其他计算机应用领域也开始扮演越来越重要的角色。知识图谱的构建是一个庞大的系统工程。现阶段的知识图谱很难满足各行各业的需求。完善的知识图谱的构建仍然面临诸多挑战。知识图谱的大力发展需要知识图谱资源的支撑。本章将给出目前比较流行的若干知识图谱资源概述，希望起到抛砖引玉的作用，启发读者。

知识图谱资源按照应用目的分为两大类型：通用的知识图谱资源和领域相关的知识图谱资源。通用的知识图谱资源是一种面向通用领域的百科全书，只是这部百科全书是结构化的，包含了现实世界的大量通用性常识知识，覆盖面广。领域相关的知识图谱资源又叫行业知识图谱资源或垂直知识图谱资源，通常面向某一个领域，基于行业数据构建，对该领域的知识深度、知识准确性和丰富性都有更高的要求。通用的知识图谱资源以 OpenKG[①] 和 Freebase 为代表。领域相关的知识图谱资源很大一部分由各大企业拥有，可对企业的发展产生巨大的推动作用。例如，阿里巴巴集团旗下的淘宝网建立了海量商品的知识图谱资源，对公司业务发展产生了巨大的推动作用。

---

① 参见 http://openkg.cn/。

# 8.1 通用的知识图谱资源

## 8.1.1 Freebase

Freebase 是一个优质的巨大通用知识图谱资源库，主要由社区成员提供。Freebase 旨在建立一个开放性的全球资源，可更方便地获取信息，由美国 Metaweb 软件公司开发，于 2007 年 3 月公开发布。Metaweb 于 2010 年 7 月 16 日被谷歌收购。目前，Google 的 Knowledge Graph 部分由 Freebase 提供支持。

重要发展节点：

2014 年 12 月 16 日，Knowledge Graph 宣布将在接下来的 6 个月内关闭 Freebase，并将数据从 Freebase 迁移到 Wikidata。

2015 年 12 月 16 日，Google 正式宣布推出知识图谱 API。API 旨在替代 Freebase API。Freebase.com 于 2016 年 5 月 2 日正式关闭。

2018 年 9 月 8 日，Google 在 github.com 上发布了 graphd 服务器的来源，是一个 Freebase 后端。

**Freebase 概览**　2007 年 3 月 3 日，Metaweb 发布了 Freebase。Freebase 被描述为"世界知识的开放共享数据库""一个大规模的抗议协同编辑的交叉链接数据库"。Freebase 通常被认为是使用维基百科的链接数据库或实体关系模型的数据库，提供了一个界面，允许使用者（无论是否为程序员）填写一般信息的结构化数据或元数据，可对数据项进行有语义意义的分类或链接。

Tim O'Reilly 在发布时描述，"Freebase 是 Web 2.0 集体智慧的底层视野与语义网络结构更为统一的世界之间的桥梁。"①

---

① 参见 https://en.wikipedia.org/wiki/Freebase。

Freebase 包含从 Wikipedia、NNDB、Fashion Model Directory 和 MusicBrainz 等收集到的数据，以及由用户提供的数据。结构化数据根据知识共享署名许可[7]获得许可，为程序员提供基于 JSON 的 HTTP API，并利用 Freebase 数据在任何平台上开发应用程序。需要注意的是，Metaweb 应用程序本身的源代码是私有的。

Freebase 运行在由 Metaweb 内部创建的数据库基础架构上，使用图形模型，将数据结构定义为由节点及节点相互联系的链接构成的集合，而不是使用表和键来定义数据结构。因为数据结构不是分层的，所以 Freebase 可以在单个元素之间模拟比传统数据库更复杂的关系。使用者可以将新对象和关系输入到底层图中。对数据库的查询是在 Metaweb 查询语言（MQL）中进行的，并由名为 graphd 的三元组提供服务。

## 8.1.2　DBpedia

DBpedia① 使用固定的模式从维基百科中抽取信息实体，当前拥有超过 120 种语言的 28000 万个实体及数以亿计的 RDF 三元组。其中英语数据最充分，是一个很常用的知识图谱数据集。DBpedia（来自 DB 的数据库）是一个由维基百科项目的信息中提取的结构化内容所构成的数据集。其结构化信息可在互联网上获得。DBpedia 允许使用者在语义上查询维基百科资源的关系和属性，包括指向其他相关数据集的链接。

### 1. 最新发行版本

目前，DBpedia 最新的发行版本是 2017 年的。该版本基于 2016 年 10 月更新的 Wikipedia 转储，花费了比预期更长的时间，因为 DBpedia 必须处理多个问题且需引入新数据，最值得注意的是为每种语言添加了自然语言处理交换格式（Natural Language Processing Interchange Format，NIF）注释数据集，

---

① 参见 https://wiki.dbpedia.org/。

记录整个维基文本、基本结构（部分、标题、段落等）和包含的文本链接。最新发行版本希望从事与自然语言处理相关任务的研究者能发现所补充的新数据是很有价值的。

**2. 数据统计情况**

DBpedia 知识库的英文版目前描述了 660 万个实体，其中 490 万个实体具有摘要，190 万个实体具有地理坐标，170 万个实体具有描述；总共有 550 万个资源被分类为一致的本体，包括 150 万人、84 万个地名（包括 51.3 万个有人居住的地方）、49.6 万个作品（包括 13.9 万个音乐专辑、11.1 万部电影和 2.1 万个视频游戏）、28.6 万个组织（包括 7 万个公司和 5.5 万个教育机构），30.6 万个物种和 6000 种疾病。DBpedia 中的英语资源总数为 1800 万个，除了 660 万个资源，还包括 170 万个 skos 概念（类别），770 万个重定向页面，26.9 万个消歧页面和 170 万个中间节点。

DBpedia 2016-10 版本共包含 130 亿（2016-04：115 亿）个信息（RDF 三元组），其中 17 亿（2016-04：16 亿）是从维基百科英文版中提取的，66 亿（2016-04：60 亿）从其他语言版本中提取，48 亿（2016-04：40 亿）来自 Wikipedia Commons 和 Wikidata。此外，为每种语言版本添加大型 NIF 数据集，使三元组数量进一步增加超过 90 亿个，使总体数量增加到 230 亿个。

### 8.1.3　OpenKG

OpenKG① 是由中国中文信息学会倡导的中文域开放知识图谱社区项目，主要用来促进中文领域知识图谱数据的开放与互联，近期的主要工作包括 OpenKG.CN 开放图谱资源库、cnSchema 中文开放图谱 Schema、Openbase 开放知识图谱众包平台等。其中，OpenKG.CN 聚集了很多开放的中文知识图谱数据、工具及文献资源。目前，OpenKG 主要有 93 个数

---

① 参见 http://openkg.cn/home。

据集，包括面向中文电子病历的命名实体识别数据集、BTC 2019 数据集（Billion Triple Challenge 2019 Dataset）、通用知识图谱（如 ownthink 和 CnDBpedia）、英文抗生素药物医学知识图谱 IASO 1.0 版、七律、病人事件图谱数据集等。cnSchema 是由 OpenKG 推动和完成的开放知识图谱 Schema 标准，定义了中文领域开放知识图谱的基本类、术语、属性和关系等本体层概念，以支持知识图谱数据的通用性、复用性和流动性。Openbase 是由 OpenKG 实现的开放知识图谱众包平台。与 WikiData 不同，Openbase 主要以中文为中心，更加突出机器学习与众包的协同，将自动化的知识抽取、挖掘、更新、融合与群智协作的知识编辑、众包审核和专家验收等结合起来。此外，Openbase 还支持将知识图谱转化为 Bots，并允许使用者选择算法、模型、知识图谱数据等定制生成 Bots，可即时体验新增知识图谱的作用等。

下面对其中具有代表性的几个资源进行介绍，希望对读者有所帮助。

**1. 面向中文电子病历的命名实体识别数据集**

顾名思义，这个数据集是专门为中文医学文本自动处理任务准备的数据集之一，可用于电子病历中的命名实体识别。该任务①是 CCKS（China Conference on Knowledge Graph and Semantic Computing）围绕中文电子病历语义化开展系列评测的一个延续，并在 CCKS 2017、CCKS 2018 医疗命名实体识别评测任务的基础上进行了延伸和拓展。

该任务包括两个子任务：

**医疗命名实体识别**：由于国内没有公开可获得的面向中文电子病历医疗命名实体识别数据集，因此 2019 年的数据集保留了医疗命名实体识别任务，对 2017 年度数据集进行了修订，并随任务一同发布。

---

① 参见 http://openkg.cn/dataset/yiducloud-ccks2019task1。

**医疗实体及属性抽取（跨院迁移）**：在医疗领域命名实体识别的基础上，定义该任务为对预定义实体属性进行抽取。该任务为迁移学习任务，即在只提供目标场景少量标注数据的情况下，通过其他场景的标注数据及非标注数据进行目标场景的识别。

### 2. BTC2019 数据集（Billion Triple Challenge 2019 Dataset）

BTC2019 数据集基于 2018 年 12 月 12 日到 2019 年 1 月 11 日 LDspider 大规模 RDF 爬取的数据，以四元组的形式存储。其第四个元素表示三元组在文档中的位置。BTC2019 数据集包含 2 155 856 033 个四元组，从 394 个域名的 2 641 253 个 RDF 文档中收集。把数据合并到一个 RDF 图中，会产生 256 059 356 个不同的三元组，这些数组（四元组或三元组）包含 38 156 个不同的谓词和 120 037 个不同类的实例。

### 3. 通用知识图谱（ownthink）

通用知识图谱（ownthink）的目标是建成最大的中文开放知识图谱，目前已经对 2500 多万个实体进行了融合，拥有亿级别的实体属性关系，且还在不断进行更新。

通用知识图谱可以通过可视化进行检索，检索网站是 https://kg.ownthink.com/。图 8-1 是用通用知识图谱检索"屠呦呦"的可视化结果。由图可知，通用知识图谱给出了"屠呦呦"的相关信息，包括国籍、民族和突出贡献等。

通用知识图谱主要提供免费下载数据、获取歧义关系、获取实体知识、获取属性值等服务，具体可以参考 https://www.ownthink.com/docs/kg/。

其他知识图谱资源的使用方法请通过访问 http://openkg.cn/dataset 获取，在此不再赘述。

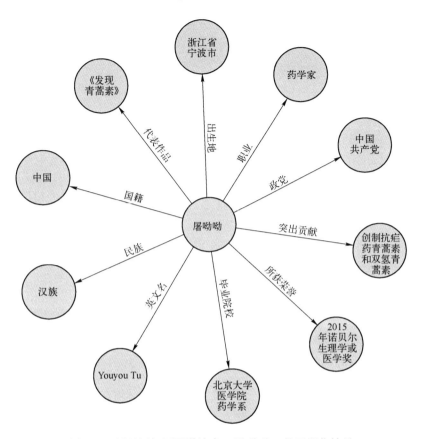

图 8-1 用通用知识图谱检索"屠呦呦"的可视化结果

## 8.1.4 NELL

NELL① 是由卡内基梅隆大学构建的一个英文知识图谱数据集。NELL 的英文原意是 Never-Ending Language Learning，即永不停止的语言学习。NELL 一直在运行两个任务：

NELL 系统每天试图在互联网文本中提取事实，例如 playsInstrument（George_Harrison，guitar）；

_____

① 参见 http：//rtw. ml. cmu. edu/rtw/。

207

NELL 系统在努力提高阅读能力，以便第二天可以更准确地提取更多的事实。

到目前为止，NELL 已经通过阅读网络积累了超过 5000 万个候选事实。这些候选事实有不同的置信度。NELL 中的 2 810 379 个事实有较高的置信度。这些具有较高置信度的事实显示在官方网站 http://rtw.ml.cmu.edu/rtw/上。NELL 并不完美，一直处于学习中。使用者可以在 Twitter 下面跟踪 NELL 的进度，浏览和下载知识库，阅读有关技术方法的更多信息，或者加入讨论组。

## 8.2 领域相关的知识图谱资源

领域相关的知识图谱资源一般是针对某一个领域，如电子商务、医药等特别构建的具有本领域特色的知识图谱。一般来说，领域相关的知识图谱资源常被用来辅助进行各种复杂的分析应用或决策支持，在金融证券、生物医疗、图书情报、电子商务、农业、政府、电信、出版业等多个领域均有应用。由于领域的独特性比较强，构建成本很高，因此一般来说，领域相关的知识图谱资源由各领域的大规模公司或政府机构等构建。

### 8.2.1 电子商务知识图谱

毫无疑问，电子商务已经改变了人类的生活。以亚马逊、阿里巴巴、京东等为主的国内外电子商务巨头已经深入到人们生活的方方面面。在友好的购物体验中，电子商务知识图谱发挥了重要作用。相对于通用知识图谱，电子商务知识图谱有很大的区别。首先，电子商务平台的目的是交易商品，所以电子商务知识图谱的核心实体是商品。商业活动发展至今，参与方极其广泛，品牌方、平台方、消费者、政府、物流等多个角色均深度参与。将电子商务数据使用知识图谱以结构化方式组织，从数据产生开始就符合知识图谱的结构，使电子商务的数据结构化程度比通用领域的结构化效果更好。

需要注意的是，同一个商品，在面向不同的消费者、不同的细分市场、不同的角色、不同的平台、不同的市场对商品的侧重时都是不一样的，所以对同一个商品的描述会有不同的表现。此时，知识融合就显得很重要。与通用知识图谱相比，电子商务知识图谱会受到国家法律、行业标准等的约束。下面以阿里巴巴集团为例介绍电子商务知识图谱的技术模块和应用。图 8-2 展示了阿里巴巴电子商务知识图谱引擎的四个层次①。

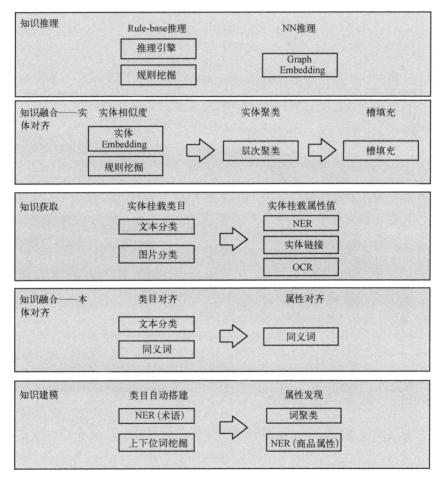

图 8-2　阿里巴巴电子商务知识图谱引擎的四个层次

---

① 图片源于 https://www.jiqizhixin.com/articles/2019-04-01-2。

**1. 知识建模**

电子商务知识图谱以商品为核心，目前共涉及 9 大类一级本体和 27 大类二级本体。一级本体分别为人、货、场、百科知识、行业竞对、品质、类目、资质和舆情。人、货、场构成了商品信息流通的闭环，其他本体主要给予商品更丰富的信息描述。商品知识图谱的数据模型、包含国内–国外数据、商业–国家数据、线上–线下数据等多源数据。电子商务知识图源目前拥有百亿级的节点和百亿级的关系边。

**2. 知识获取**

电子商务知识图谱主要的获取来源为知识众包。这其中的一个关键就是知识图谱本体设计，设计时既要考虑商品本身，又要考虑消费者的需求和平台运营的管理方便；另一个关键是要开发面向电子商务各种角色的数据采集工具，例如面向卖家的商品发布端。

此外，电子商务知识图谱的另一个获取来源是文本数据，例如商品描述介绍、标题、商品评价、品牌、卖场等信息，要求命名实体识别系统应具有跨领域大规模实体类型识别的能力，能够支持电子商务数据、自然语言及更加广泛的微博、新闻等舆情数据，并具备将识别出的实体与知识图谱链接的能力。电子商务知识图谱主要包括：

商品域：类目、产品词语、品牌、商品属性、属性值；

LBS 域：小区、商场、公司、写字楼、超市；

通用域：人物、时间、数字。

需要注意的是，对电子商务知识图谱的实体描述，除基本的属性和属性值外，还有实体标签。实体标签易于扩展，简单明了。标签类知识很多是通过推理获得的。例如，在食品标签中，可以通过食品的配料数据和国家标准来进行知识推理。

给定标准：

无糖：碳水化合物 ≤ 0.5g/100g（固体）或 100mL（液体）。

无盐：钠 ≤ 5mg/100g 或 100mL。

就可以根据食品配料数据，将其转化为无糖、无盐或少糖、少盐等标签，大大改进了消费者的消费体验。

**3. 知识融合和存储**

电子商务知识图谱的融合主要涉及商品和产品这两个核心节点的知识融合，涉及大规模的聚类算法、实体链接、分类等技术。

知识存储主要考虑查询方式、图查询路径长度、响应时间、机器成本等。通常，电子商务知识图谱的实体规模极大，性能要求极高，一般采用多种存储方式混合的方式存储。

**4. 知识应用**

显然，电子商务知识图谱最大的应用就是对电子商务平台的搜索。比如，一个使用者搜索 "Adidas 的运动鞋，橙色"，则文本分析器会得到 Adidas、运动鞋和橙色这些关键词，从而可在知识图谱中搜索符合使用者需求的商品。

为了提高智能水平，电子商务知识图谱可以在更新过程中加入流行词汇，加之平台商家的配合，就可以做到实时更新，与时俱进，大大提升了购物体验。除了流行词汇外，电子商务知识图谱还可以进行场景推理和联想，比如使用者搜索 "登山需要准备什么"，则会给使用者推荐登山杖、登山鞋、防寒衣、自拍杆等商品。

## 8.2.2  中医药知识图谱

中医药学语言系统（TCMLS）依托中国中医科学院中医药信息研究所[①]为

---

① 参见 http://www.cintcm.ac.cn/opencms/opencms/index.html。

构建中医药知识图谱（见表 8-1）提供了相对完整的框架。中医药知识图谱①是面向中医药领域的知识图谱，可以实现中医药知识资源的有效整合，从而提供全面、准确、智能的知识服务。

表 8-1　中医药知识图谱

| 名　称 | 简　介 | 下 载 地 址 | 服 务 地 址 |
|---|---|---|---|
| 基于中医药学语言系统的知识图谱 | 包括 127 种语义类型及 58 种语义关系。其中，语义类型对应网络节点；语义关系对应节点之间的弧 | http://www.tcmkb.cn/knowledge_graph/samples/tcmls-sample.owl | http://www.tcminformatics.org/wiki/index.php/graph |
| 中医药文献的知识图谱 | 面向中医药文献元数据的本体，并对中医药文献进行标注，形成一个关于中医药文献本身的知识图谱 | http://www.tcmkb.cn/knowledge_graph/samples/tcmlm-sample.owl | 未提供 |
| 中医养生知识图谱 | 系统梳理中医养生方法与体质、证候、疾病等因素之间的关系 | http://www.tcmkb.cn/knowledge_graph/samples/health-sample.owl | http://www.tcmkb.cn/kg/cytoscape.php |
| 中药研究知识图谱 | 构建一个包括中医疾病、方剂、中药、中药化学成分、药理作用、中药实验、化学实验方法在内的中药本体 | http://www.tcmkb.cn/knowledge_graph/samples/herbnet-sample.owl | http://apps.tcminformatics.org/herbnet/ |
| 中医证候知识图谱 | 汇集证候、疾病、方剂、中药、症状等方面的知识，支持中医证候学研究和临床决策 | http://www.tcmkb.cn/knowledge_graph/samples/syndrome-sample.owl | http://www.tcmkb.cn/kb/spleen/ |
| 中医特色疗法知识图谱 | 对中医特色疗法进行系统梳理，揭示领域内部知识点之间的相互关系 | 未提供 | http://www.tcmkb.cn/kg/tcm_therapy_index.php |

---

① 参见 http://www.tcmkb.cn/knowledge_graph/。

续表

| 名　　称 | 简　　介 | 下 载 地 址 | 服 务 地 址 |
|---|---|---|---|
| 中医经方知识图谱 | 从中医古籍文献中提取历代医家针对经典名方及其治则、治法、用量和效果的论述 | 未提供 | http://www.tcmkb.cn/kg/cytoscape.php |
| 中医名家学术传承知识图谱 | 以北京地区中医皮肤科代表流派为例，开发用于学术思想传承和文献整理的知识图谱，展示知识点之间的关联 | 未提供 | ddhttp://www.tcmkb.cn/kg/skin_index.php |
| 中医美容知识图谱 | 系统收集中医养生美容的理论和方法，展示知识点之间的关联，面向大众提供美容养生方面的知识服务 | 未提供 | http://www.tcmkb.cn/kg/cytoscape.php |

中医药知识图谱在中国中医医学相关知识服务系统中得到了广泛应用，可通过可视化语义图的方式进行展示，也可嵌入到语义搜索、语义维基等系统中提供服务。可视化语义图可以形象地表达领域概念之间的关联，使用者通过交互方式可浏览领域概念，并选择其中的某个领域概念构造查询或搜索。中医药知识图谱能增强中医药知识资源的联通性，支持中医使用者在概念层次上浏览领域知识资源，发现中医药概念或知识资源之间的潜在联系[①]。

## 8.3　本章小结

本章主要从已构建的大规模知识图谱和命名实体识别相关的数据集和工具角度对目前若干比较流行的知识图谱资源进行介绍，方便读者使用这些资源构建更新、更好的知识图谱资源。

---

① 参见 http://www.tcmkb.cn/knowledge_graph/doc.php。

# 参 考 文 献

［1］ Feigenbaum E A, McCorduck P. The fifth generation-artificial intelligence and Japan's computer challenge to the world［M］. Addison-Wesley, 1983.

［2］ Bernstein B. Class, codes and control. volume 1: Theoretical studie stowards a sociology of language ［M］. Routledge&Kegan Paul, Ltd., 1971.

［3］ Hayes-Roth F, Jacobstein N. The state of knowledge-basedsystems ［J］. Communications of the ACM, 1994, 37 (3): 27-39.

［4］ Ackoff R L. From data to wisdom ［J］. Journal of applied systems analysis, 1989, 16 (1): 3-9.

［5］ Malhotra M, Nair T G. Evolution of knowledge representation and retrieval techniques ［J］. International Journal of Intelligent Systems and Applications, 2015, 7 (7): 18.

［6］ Lassila O, Swick R R, et al. Resource description framework ( rdf) model and syntax specification ［EB/OL］. ( 1998-7-20) ［2019-9-29］. https://www. w3. org/TR/1998/WD-rdf-syntax-19980720/ .

［7］ Beckett D. Rdf 1.1 n-triples ［EB/OL］. (2014-2-25)［2019-9-29］. https://www. w3. org/TR/n-triples.

［8］ Sporny M, Longley D, Kellogg G, et al. Json-ld 1.0 ［EB/OL］. (2014-1-16)［2019-9-29］. https://www. w3. org/TR/2014/REC-json-ld-20140116/.

［9］ Berners-Lee T, Hendler J, Lassila O, et al. The semantic web ［J］. Scientific American, 2001, 284 (5): 28-37.

［10］ Levesque H J. Knowledge representation and reasoning ［J］. Annual review of computer science, 1986, 1 (1): 255-287.

［11］ Kong G, Xu D, Yang J. Clinical decision support systems: A review on knowledge representation and inference under uncertainties ［J］. International Journal of Computational Intelligence Systems, 2008, 1 (2): 159-167.

［12］ Russell S J, Norvig P. Artificial intelligence: A modern approach, third international edition ［M］. Pearson Education, 2010.

［13］ Bürckert H. Lecture notes in computer science: volume 568 a resolution principle for a logic with restricted quantifiers ［M］. Springer, 1991.

［14］ Buss S R. On herbrand's theorem ［C］//Logical and Computational Complexity. Selected Papers. Logic and Computational Complexity, International Workshop LCC '94, Indianapolis, Indiana, USA, 13-16 October, 1994: 195-209.

［15］ Aho A V, Sethi R, Ullman J D. Compilers: Principles, techniques, and tools ［M］. Addison-Wesley, 1986.

［16］ McCracken D D, Reilly E D. Backus-naurform (bnf) ［M］. John Wiley & Sons Ltd., 2003.

[17] Omri M N. Pertinent knowledge extraction from a semantic network：Application of fuzzy sets theory [J]. International Journal on Artificial Intelligence Tools, 2004, 13 (3)：705-720.

[18] Sowa J F. Semantic networks [J]. Encyclopedia of the Sciences of Learning, 1987.

[19] Simmons R F. Natural language question-answering systems：1969 [J]. Communications of the ACM, 1970, 13 (1)：15-30.

[20] Cadoli M, Donini F M. A survey on knowledge compilation [J]. AI Communications, 1997, 10 (3-4)：137-150.

[21] Carley K M, Kaufer D S. Semantic connectivity：An approach for analyzing symbols in semantic networks [J]. Communication Theory, 1993, 3 (3)：183-213.

[22] Jiang J J, Conrath D W. Semantic similarity based on corpus statistics and lexical taxonomy [C]// Proceedings of the 10th Research on Computational Linguistics International Conference, ROCLING 1997, Taipei, Taiwan, August, 1997：19-33.

[23] Miller G A. Wordnet：a lexical database for english [J]. Communications of the ACM, 1995, 38 (11)：39-41.

[24] Duda R O, Hart P E, Nilsson N J, et al. Semantic network representations in rule-based inference systems [J]. SIGART Newsletter, 1977, 63：18.

[25] Deliyanni A, Kowalski R A. Logic and semantic networks [J]. Communications of the ACM, 1979, 22 (3)：184-192.

[26] Fiksel J R, Bower G H. Question-answering by a semantic network of parallel automata [J]. Journal of Mathematical Psychology, 1976, 13 (1)：1-45.

[27] Petruck M R. Frame semantics [J]. Handbook of pragmatics, 1996, 1：13.

[28] Brachman R, Levesque H. The knowledge level of a kmbs [M]//Mylopoulos J. On knowledge base management systems. Springer, 1986：9-12.

[29] Harris Z S. Distributional Structure [J]. Word, 1954, 10 (2-3)：146-162.

[30] Bengio Y, Ducharme R, Vincent P, et al. A neural probabilistic language model [J]. Journal of machine learning research, 2003, 3 (Feb)：1137-1155.

[31] Mikolov T, Chen K, Corrado G, et al. Efficient estimation of word representations in vector space [C]//1st International Conference on Learning Representations, Scottsdale, Arizona, USA, May 2-4, 2013.

[32] Mikolov T, Sutskever I, Chen K, et al. Distributed representations of words and phrases and their compositionality [C]//Advances in Neural Information Processing Systems26：27th Annual Conference on Neural Information Processing Systems 2013, Lake Tahoe, Nevada, United States, December 5-8, 2013：3111-3119.

[33] Pennington J, Socher R, Manning C D. Glove：Global vectors for word representation [C]//Proceedings of the 2014 Conference on Empirical Methods in Natural Language Processing, Doha, Qatar, October 25-29, 2014：1532-1543.

[34] Bojanowski P, Grave E, Joulin A, et al. Enriching word vectors with subwordinformation [J]. Transactions of the Association for Computational Linguistics, 2017, 5：135-146.

[35] Arora S, Liang Y, Ma T. A simple but tough-to-beat baseline for sentence embeddings [C]//5th International Conference on Learning Representations, Toulon, France, April 24-26, 2017.

[36] Socher R, Pennington J, Huang E H, et al. Semi-supervised recursive autoencoders for predicting sentiment distributions [C]//Proceedings of the 2011 Conference on Empirical Methods in Natural

Language Processing, John McIntyre Conference Centre, Edinburgh, UK, A meeting of SIGDAT, a Special Interest Group of the ACL, 27-31 July 2011: 151-161.

[37] Le Q V, Mikolov T. Distributed representations of sentences and documents [C]//Proceedings of the 31th International Conference on Machine Learning, Beijing, China, 21-26 June 2014: 1188-1196.

[38] Kiros R, Zhu Y, Salakhutdinov R, et al. Skip-thought vectors [C]//Advances in Neural Information Processing Systems 28: Annual Conference on Neural Information Processing Systems, Montreal, Quebec, Canada, December 7-12, 2015: 3294-3302.

[39] Hill F, Cho K, Korhonen A. Learning distributed representations of sentences from unlabelled data [C]//The 2016 Conference of the North American Chapter of the Association for Computational Linguistics: Human Language Technologies, San Diego California, USA, June 12-17, 2016: 1367-1377.

[40] Logeswaran L, Lee H. An efficient framework for learning sentence representations [C]//6th International Conference on Learning Representations, Vancouver, BC, Canada, April 30 – May 3, 2018.

[41] Conneau A, Kiela D, Schwenk H, et al. Supervised learning of universal sentence representations from natural language inference data [C]//Proceedings of the 2017 Conference on Empirical Methods in Natural Language Processing, Copenhagen, Denmark, September 9-11, 2017: 670-680.

[42] Dai A M, Olah C, Le Q V. Document embedding with paragraph vectors [DB/OL]. (2015-7-29) [2019-12-19]. https://arxiv.org/abs/1507.07998.

[43] Peters M E, Neumann M, Iyyer M, et al. Deep contextualized word representations [C]//Proceedings of the 2018 Conference of the North American Chapter of the Association for Computational Linguistics: Human Language Technologies, New Orleans, Louisiana, USA, June 1-6, 2018: 2227-2237.

[44] Radford A, Narasimhan K, Salimans T, et al. Improving language understanding by generative pre-training [J]. Technical report, OpenAI, 2018.

[45] Vaswani A, Shazeer N, Parmar N, et al. Attention is all you need [C]//Advances inNeural Information Processing Systems 30: Annual Conference on Neural Information Processing Systems 2017, Long Beach, CA, USA, 4-9 December, 2017: 5998-6008.

[46] Devlin J, Chang M, Lee K, et al. BERT: pre-training of deep bidirectional transformers for language understanding [C]//Proceedings of the 2019 Conference of the North American Chapter of the Association for Computational Linguistics: Human Language Technologies, Minneapolis, MN, USA, June 2-7, 2019: 4171-4186.

[47] Bengio Y, Courville A, Vincent P. Representation learning: A review and new perspectives [J]. IEEE transactions on pattern analysis and machine intelligence, 2013, 35 (8): 1798-1828.

[48] Dubrovin B A, Fomenko A T, Novikov S P. Modern geometry—methods and applications: Part ii: The geometry and topology of manifolds: volume 104 [M]. Springer Science & Business Media, 2012.

[49] Bordes A, Weston J, Collobert R, et al. Learning structured embeddings of knowledge bases [C]//Proceedings of the Twenty-Fifth AAAI Conference on Artificial Intelligence, San Francisco, California, USA, August 7-11, 2011: 301-306.

[50] Socher R, Chen D, Manning C D, et al. Reasoning with neural tensor networks for knowledge base completion [C]//27th Annual Conference on Neural Information Processing Systems 2013, Lake

Tahoe，Nevada，United States，December 5-8，2013：926-934.

［51］Ng J Y，Choi J，Neumann J，et al. Actionflownet：Learning motion representation for action recognition ［C］//2018 IEEE Winter Conference on Applications of Computer Vision，Lake Tahoe，NV，USA，March 12-15，2018：1616-1624.

［52］Zhang Y，Shen D，Wang G，et al. Deconvolutional paragraph representation learning ［C］//Advances in Neural Information Processing Systems，Long Beach，CA，USA，4-9 December，2017：4169-4179.

［53］Bordes A，Usunier N，García-Durán A，et al. Translating embeddings for modeling multi-relational data ［C］//Advances in Neural Information Processing Systems 26：27th Annual Conference on Neural Information Processing Systems，Lake Tahoe，Nevada，United States. December 5 - 8，2013：2787-2795.

［54］Wang Z，Zhang J，Feng J，et al. Knowledge graph embedding by translating on hyperplanes ［C］//Proceedings of the Twenty - Eighth AAAI Conference on Artificial Intelligence，Québec City，Québec，Canada，July 27 -31，2014：1112-1119.

［55］Suetin P，Kostrikin A I，Manin Y I. Linear algebra and geometry ［M］. CRC Press，1989.

［56］Lin Y，Liu Z，Sun M，et al. Learning entity and relation embeddings for knowledge graph completion ［C］//Proceedings of the Twenty-Ninth AAAI Conference on Artificial Intelligence，Austin，Texas，USA，January 25-30，2015：2181-2187.

［57］Blei D M. Probabilistic topic models ［J］. Communications of the ACM，2012，55（4）：77-84.

［58］Rasmussen C E. The infinite gaussian mixture model ［C］//Advances in Neural Information Processing Systems 12，［NIPS Conference，Denver，Colorado，USA，November 29-December 4］，1999：554-560.

［59］Masoudnia S，Ebrahimpour R. Mixture of experts：a literature survey ［J］. Artificial. Intelligence Review，2014，42（2）：275-293.

［60］Xiao H，Huang M，Zhu X. Transg：A generative model for knowledge graph embedding ［C］//Proceedings of the 54th Annual Meeting of the Association for Computational Linguistics，ACL 2016，Berlin，Germany，Volume 1：Long Papers，August 7-12，2016.

［61］Amari S. Backpropagation and stochastic gradient descent method ［J］. Neurocomputing，1993，5（3）：185-196.

［62］Lin Y，Liu Z，Luan H，et al. Modeling relation paths for representation learning of knowledge bases ［C］//Proceedings of the 2015 Conference on Empirical Methods in Natural Language Processing，Lisbon，Portugal，September 17-21，2015：705-714.

［63］Björck Å. A bidiagonalization algorithm for solving large and sparse ill-posed systems of linear equations ［J］. BIT Numerical Mathematics，1988，28（3）：659-670.

［64］Lee J M，Chow B，Chu S C，et al. Manifolds and differential geometry ［J］. Topology，2009，643：658.

［65］Sriperumbudur B K，Fukumizu K，Gretton A，et al. Kernel choice and classifiability for RKHS embeddings of probability distributions ［C］//Advances in Neural Information Processing Systems 22：23rd Annual Conference on Neural Information Processing Systems 2009. Proceedings of a meeting held Vancouver，British Columbia，Canada，7-10 December，2009：1750-1758.

［66］Sun H. Mercer theorem for RKHS on noncompactsets ［J］. Journal of Complexity，2005，21（3）：337-349.

［67］ Hecht-Nielsen R. Theory of the backpropagation neural network ［J］. Neural Networks, 1988, 1 (Supplement-1): 445-448.

［68］ Cook D J, Holder L B. Mining graph data ［M］. John Wiley & Sons Ltd. , 2006

［69］ Ediger D, Jiang K, Riedy E J, et al. Massive social network analysis: Mining twitter for social good ［C］//39th International Conference on Parallel Processing, ICPP 2010, San Diego, California, USA, 13-16 September, 2010: 583-593.

［70］ Kedem D, Tyree S, Weinberger K Q, et al. Non-linear metric learning ［C］//Advances in Neural Information Processing Systems 25: 26th Annual Conference on Neural Information Processing Systems 2012. Proceedings of a meeting held Lake Tahoe, Nevada, United States, December 3-6, 2012: 2582-2590.

［71］ Jenatton R, Roux N L, Bordes A, et al. A latent factor model for highly multi-relational data ［C］//Advances in Neural Information Processing Systems 25: 26th Annual Conference on Neural Information Processing Systems 2012, Lake Tahoe, Nevada, United States, 3-6, 2012: 3176-3184.

［72］ García-Durán A, Bordes A, Usunier N, et al. Combining two and three-way embedding models for link prediction in knowledge bases ［J］. Artificial Intelligence Review, 2016, 55: 715-742.

［73］ Yang B, Yih W, He X, et al. Embedding entities and relations for learning and inference in knowledge bases ［C］//3rd International Conference on Learning Representations, ICLR 2015, San Diego, CA, USA, Conference Track Proceedings, May 7-9, 2015.

［74］ Nickel M, Rosasco L, Poggio T A. Holographic embeddings of knowledge graphs ［C］//Proceedings of the Thirtieth AAAI Conference on Artificial Intelligence, Phoenix, Arizona, USA, February 12-17, 2016: 1955-1961.

［75］ Bordes A, Glorot X, Weston J, et al. A semantic matching energy function for learning with multi-relationaldata ［J］. Machine Learning, 2014, 94 (2): 233-259.

［76］ Dong X, Gabrilovich E, Heitz G, et al. Knowledge vault: a web-scale approach to probabilistic knowledge fusion ［C］//The 20th ACM SIGKDD International Conference on Knowledge Discovery and Data Mining, KDD'14, New York, NY, USA-August 24-27, 2014: 601-610.

［77］ Liu Q, Jiang H, Evdokimov A, et al. Probabilistic reasoning via deep learning: Neural association models ［DB/OL］. (2016-3-24)［2019-12-19］. https://arxiv. org/abs/1603. 07704.

［78］ Xiao H, Huang M, Meng L, et al. SSP: semantic space projection for knowledge graph embedding with text descriptions ［C］//Proceedings of the Thirty-First AAAI Conference on Artificial Intelligence, San Francisco, California, USA, February 4-9, 2017: 3104-3110.

［79］ Xie R, Liu Z, Jia J, et al. Representation learning of knowledge graphs with entity descriptions ［C］//Proceedings of the Thirtieth AAAI Conference on Artificial Intelligence, Phoenix, Arizona, USA, February 12-17, 2016: 2659-2665.

［80］ Li Y, Yang T. Word embedding for understanding natural language: a survey ［M］//Srinivasan S. Guide to Big Data Applications. Springer, 2018: 83-104

［81］ Grishman R, Sundheim B. Message understanding conference- 6: A brief history ［C］//16th International Conference on Computational Linguistics, Proceedings of the Conference, Center for Sprogteknologi, Copenhagen, Denmark, August 5-9, 1996: 466- 471.

［82］ Weischedel R, Palmer M, Marcus M, et al. Ontonotes release 5. 0 ldc2013t19 ［J］. Linguistic Data Consortium, Philadelphia, PA, 2013.

[83] Weischedel R, Brunstein A. Bbn pronoun coreference and entity type corpus [J]. Linguistic Data Consortium, Philadelphia, 2005, 112.

[84] Ling X, Weld D S. Fine-grained entity recognition [C]//Proceedings of the TwentySixth AAAI Conference on Artificial Intelligence, Toronto, Ontario, Canada, July 2226, 2012: 94-100.

[85] Yosef M A, Bauer S, Hoffart J, et al. HYENA: hierarchical type classification for entity names [M]//24th International Conference on Computational Linguistics, Proceedings of the Conference: Posters, Mumbai, India, 8-15 December 2012: 1361-1370.

[86] Choi E, Levy O, Choi Y, et al. Ultra-fine entity typing [C]//Proceedings of the 56th Annual Meeting of the Association for Computational Linguistics, Melbourne, Australia, July 15-20, 2018: 87-96.

[87] Ren X, He W, Qu M, et al. Afet: Automatic fine-grained entity typing by hierarchical partial-label embedding [C]//Proceedings of the 2016 Conference on Empirical Methods in Natural Language Processing, Austin, Texas, USA, November 1-4, 2016, 2016: 1369-1378.

[88] Corro L d, Abujabal A, Gemulla R, et al. Finet: Context-awarefine-grained named entity typing [C]//Proceedings of the 2015 Conference on Empirical Methods in Natural Language Processing, Lisbon, Portugal, September 17-21, 2015: 868-878.

[89] Lal A, Tomer A, Chowdary C R. Sane: System for fine grained named entity typing on textual data [C]//Proceedings of the 26th International Conference on World Wide Web Companion, Perth, Australia, April 3-7, 2017: 227-230.

[90] Krupka G, IsoQuest K. Description of the nerowl extractor system as used for muc-7 [C]//Proceedings of the 7th Message Understanding Conference, Virginia. 2005: 21- 28.

[91] Humphreys K, Gaizauskas R J, Azzam S, et al. University of sheffield: Description of the lasie-ii system as used for MUC-7 [C]//Seventh Message Understanding Conference: Proceedings of a Conference Held in Fairfax, Virginia, USA, April 29-May 1, 1998.

[92] Black W J, Rinaldi F, Mowatt D. FACILE: description of the NE system used for MUC7 [C]//Seventh Message Understanding Conference: Proceedings of a Conference Held in Fairfax, Virginia, USA, April 29-May 1, 1998.

[93] Aone C, Halverson L, Hampton T, et al. Sra: Description of the ie2 system used for muc-7 [C]//Seventh Message Understanding Conference: Proceedings of a Conference Held in Fairfax, Virginia, USA, April 29-May 1, 1998.

[94] Appelt D E, Hobbs J R, Bear J, et al. SRI international FASTUS system: MUC-6 test results and analysis [C]//Proceedings of the 6th Conference on Message Understanding, Columbia, Maryland, USA, November 6-8, 1995, 1995: 237-248.

[95] Mikheev A, Moens M, Grover C. Named entity recognition without gazetteers [C]//EACL 1999, 9th Conference of the European Chapter of the Association for Computational Linguistics, University of Bergen, Bergen, Norway, June 8-12, 1999: 1-8.

[96] Hanisch D, Fundel K, Mevissen H T, et al. Prominer: rule-based protein and gene entity recognition [J]. BMC bioinformatics, 2005, 6 (1): S14.

[97] Quimbaya A P, Múnera A S, Rivera R A G, et al. Named entity recognition over electronic health records through a combined dictionary-basedapproach [J]. Procedia Computer Science, 2016, 100: 55-61.

[98] Kim J, Woodland P C. A rule-based named entity recognition system for speech input [C]//Sixth

International Conference on Spoken Language Processing, Beijing, China, October 16-20, 2000, 2000: 528-531.

[99] Brill E D. A corpus-based approach to language learning [J]. IRCS Technical Reports Series, 1993: 191.

[100] Collins M, Singer Y. Unsupervised models for named entity classification [C]//1999 Joint SIGDAT Conference on Empirical Methods in Natural Language Processing and Very Large Corpora, College Park, MD, USA, June 21-22, 1999.

[101] Etzioni O, Cafarella M, Downey D, et al. Unsupervised named-entity extraction from the web: An experimental study [J]. Artificial intelligence, 2005, 165 (1): 91-134.

[102] Nadeau D, Turney P D, Matwin S. Unsupervised named-entity recognition: Generating gazetteers and resolving ambiguity [C]//Advances in Artificial Intelligence, 19th Conference of the Canadian Society for Computational Studies of Intelligence, Québec City, Québec, Canada, June 7-9, 2006: 266-277.

[103] Zhang S, Elhadad N. Unsupervised biomedical named entity recognition: Experiments with clinical and biological texts [J]. Journal of Biomedical Informatics, 2013, 46 (6): 1088-1098.

[104] Zhou G, Su J. Named entity recognition using an hmm-based chunk tagger [C]//Proceedings of the 40th Annual Meeting of the Association for Computational Linguistics, Philadelphia, PA, USA., July 6-12, 2002: 473-480.

[105] Ji Z, Sun A, Cong G, et al. Joint recognition and linking of fine-grained locations from tweets [C]//Proceedings of the 25th International Conference on World Wide Web, Montreal, Canada, April 11-15, 2016: 1271-1281.

[106] Bikel D M, Miller S, Schwartz R, et al. Nymble: a high-performance learning namefinder [C]//5th Applied Natural Language Processing Conference, Marriott Hotel, Washington, USA, March 31-April 3, 1997: 194-201.

[107] Bikel D M, Schwartz R, Weischedel R M. An algorithm that learns what's in a name [J]. Machine learning, 1999, 34 (1-3): 211-231.

[108] Szarvas G, Farkas R, Kocsor A. A multilingual named entity recognition system using boosting and c4. 5 decision tree learning algorithms [C]//Discovery Science, 9th International Conference, Barcelona, Spain, October 7-10, 2006: 267-278.

[109] Borthwick A, Sterling J, Agichtein E, et al. Nyu: Description of the mene named entity system as used in muc-7 [C]//Seventh Message Understanding Conference: Proceedings of a Conference Held in Fairfax, Virginia, USA, April 29-May 1, 1998.

[110] McNamee P, Mayfield J. Entity extraction without language-specific resources [C]//Proceedings of the 6th Conference on Natural Language Learning, Taipei, Taiwan, 2002: 1-4.

[111] Li Y, Bontcheva K, Cunningham H. SVM based learning system for information extraction [C]//Deterministic and Statistical Methods in Machine Learning, First International Workshop, Sheffield, UK, September 7-10, 2004: 319-339.

[112] McCallum A, Li W. Early results for named entity recognition with conditional random fields, feature induction and web-enhanced lexicons [C]//Proceedings of the Seventh Conference on Natural Language Learning, Edmonton, Canada, May 31-June 1, 2003, 2003: 188-191.

[113] Krishnan V, Manning C D. An effective two-stage model for exploiting non-local dependencies in

named entity recognition [C]//21st International Conference on Computational Linguistics and 44th Annual Meeting of the Association for Computational Linguistics, Proceedings of the Conference, Sydney, Australia, 17-21 July 2006: 1121-1128.

[114] Li J, Sun A, Han J, et al. A survey on deep learning for named entity recognition [J]. CoRR, 2018, abs/1812.09449.

[115] Nguyen T H, Sil A, Dinu G, et al. Toward mention detection robustness with recurrent neural networks [J/OL]. CoRR, 2016, abs/1602.07749.

[116] Zheng S, Hao Y, Lu D, et al. Joint entity and relation extraction based on a hybrid neural network [J]. Neurocomputing, 2017, 257: 59-66.

[117] Strubell E, Verga P, Belanger D, et al. Fast and accurate entity recognition with iterated dilated-convolutions [C]//Proceedings of the 2017 Conference on Empirical Methods in Natural Language Processing, Copenhagen, Denmark, September 9-11, 2017: 2670-2680.

[118] Zhou P, Zheng S, Xu J, et al. Joint extraction of multiple relations and entities by using a hybrid neural network [C]//Chinese Computational Linguistics and Natural Language Processing Based on Naturally Annotated Big Data - 16th China NationalConference, CCL 2017, and 5th International Symposium, Nanjing, China, October 13-15, 2017: 135-146.

[119] Ma X, Hovy E. End - to - end sequence labeling via bi - directional lstm - cnns - crf [C]// Proceedings of the 54th Annual Meeting of the Association for Computational Linguistics, Berlin, Germany, August 7-12, 2016: 1064-1074.

[120] Li P H, Dong R P, Wang Y S, et al. Leveraging linguistic structures for named entity recognition with bidirectional recursive neural networks [C]//Proceedings of the 2017 Conference on Empirical Methods in Natural Language Processing, Copenhagen, Denmark, September 9-11, 2017: 2664-2669.

[121] Wang C, Cho K, Kiela D. Code - switched named entity recognition with embedding attention [C]//Proceedings of the Third Workshop on Computational Approaches to Linguistic Code-Switching ACL 2018, Melbourne, Australia, July 19, 2018: 154-158.

[122] Yang J, Zhang Y, Dong F. Neural reranking for named entity recognition [C]//Proceedings of the International Conference Recent Advances in Natural Language Processing, Varna, Bulgaria, September 2-8, 2017: 784-792.

[123] Kuru O, Can O A, Yuret D. Charner: Character-level named entity recognition [C]//26th International Conference on Computational Linguistics, Proceedings of the Conference: Technical Papers, Osaka, Japan, December 11-16, 2016: 911-921.

[124] Lample G, Ballesteros M, Subramanian S, et al. Neural architectures for named entity recognition [C]//The 2016 Conference of the North American Chapter of the Association for Computational Linguistics: Human Language Technologies, San Diego California, USA, June 12-17, 2016: 260-270.

[125] Gridach M. Character-level neural network for biomedical named entity recognition [J]. Journal of biomedical informatics, 2017, 70: 85-91.

[126] Yang Z, Salakhutdinov R, Cohen W. Multi - task cross - lingual sequence tagging from scratch [DB/OL]. (2016-3-20)[2019-12-19]. https://arxiv.org/abs/1603.06270.

[127] Akbik A, Blythe D, Vollgraf R. Contextual string embeddings for sequence labeling [C]//Proceedings of the 27th International Conference on Computational Linguistics, Santa Fe, New Mexico,

USA, August 20-26, 2018: 1638-1649.

[128] Collobert R, Weston J, Bottou L, et al. Natural language processing (almost) from scratch [J]. Journal of Machine Learning Research, 2011, 12 (8): 2493-2537.

[129] Lin B Y, Xu F, Luo Z, et al. Multi-channel bilstm-crf model for emerging named entity recognition in social media [C]//Proceedings of the 3rd Workshop on Noisy User-generated Text, Copenhagen, Denmark, September 7, 2017: 160-165.

[130] Gregoric A Z, Bachrach Y, Coope S. Named entity recognition with parallel recurrent neural networks [C]//Proceedings of the 56th Annual Meeting of the Association for Computational Linguistics, Melbourne, Australia, July 15-20, 2018: 69-74.

[131] Ju M, Miwa M, Ananiadou S. A neural layered model for nested named entity recognition [C]// Proceedings of the 2018 Conference of the North American Chapter of the Association for Computational Linguistics: Human Language Technologies, New Orleans, Louisiana, USA, June 1-6, 2018: 1446-1459.

[132] Rei M. Semi-supervised multitask learning for sequence labeling [C]//Proceedings of the 55th Annual Meeting of the Association for Computational Linguistics, Vancouver, Canada, July 30 - August 4, 2017: 2121-2130.

[133] Liu L, Shang J, Xu F, et al. Empower sequence labeling with task-aware neural language model [C]//Proceedings of the Thirty-Second AAAI Conference on Artificial Intelligence, (AAAI-18), the 30th innovative Applications of Artificial Intelligence (IAAI-18), and the 8th AAAI Symposium on Educational Advances in Artificial Intelligence (EAAI-18), New Orleans, Louisiana, USA, February 2-7, 2018: 5253-5260.

[134] Liu L, Ren X, Shang J, et al. Efficient contextualized representation: Language model pruning for sequence labeling [C]//Proceedings of the 2018 Conference on Empirical Methods in Natural Language Processing, Brussels, Belgium, October 31-November 4, 2018: 1215-1225.

[135] Shen Y, Yun H, Lipton Z C, et al. Deep active learning for named entity recognition [C]//6th International Conference on Learning Representations, Vancouver, BC, Canada, April 30 - May 3, 2018.

[136] Vaswani A, Bisk Y, Sagae K, et al. Supertagging with lstms [C]//The 2016 Conference of the North American Chapter of the Association for Computational Linguistics: Human Language Technologies, San Diego California, USA, June 12-17, 2016: 232-237.

[137] Vinyals O, Fortunato M, Jaitly N. Pointer networks [C]//Advances in Neural Information Processing Systems 28: Annual Conference on Neural Information Processing Systems 2015, Montreal, Quebec, Canada, December 7-12, 2015: 2692-2700.

[138] Li J, Sun A, Joty S R. Segbot: A generic neural text segmentation model with pointer network [C]//Proceedings of the Twenty-Seventh International Joint Conference on ArtificialIntelligence, IJCAI2018, Stockholm, Sweden, July 13-19, 2018: 4166-4172.

[139] Caruana R. Multitask learning [J]. Machine learning, 1997, 28 (1): 41-75.

[140] Pan S J, Yang Q, et al. A survey on transfer learning [J]. IEEE Transactions on knowledge and data engineering, 2010, 22 (10): 1345-1359.

[141] Pan S J, Toh Z, Su J. Transfer joint embedding for cross-domain named entity recognition [J]. ACM Transactions on Information Systems, 2013, 31 (2): 7.

[142] Yang Z, Salakhutdinov R, Cohen W W. Transfer learning for sequence tagging with hierarchical re-

current networks［C］//5th International Conference on Learning Representations，Toulon，France，April 24-26，2017.

［143］von Däniken P，Cieliebak M. Transfer learning and sentence level features for named entity recognition on tweets［C］//Proceedings of the 3rd Workshop on Noisy Usergenerated Text，Copenhagen，Denmark，September 7，2017：166-171.

［144］Lee J Y，Dernoncourt F，Szolovits P. Transfer learning for named-entity recognition with neural networks［DB/OL］.（2017-5-17）［2019-12-19］. https：//arxiv. org/abs/1705. 06273.

［145］Lin B Y，Lu W. Neural adaptation layers for cross-domain named entity recognition［C］//Proceedings of the 2018 Conference on Empirical Methods in Natural Language Processing，Brussels，Belgium，October 31-November 4，2018：2012-2022.

［146］Settles B. Active learning［J］. Synthesis Lectures on Artificial Intelligence and Machine Learning，2012，6（1）：1-114.

［147］Narasimhan K，Yala A，Barzilay R. Improving information extraction by acquiring external evidence with reinforcement learning［C］//Proceedings of the 2016 Conference on Empirical Methods in Natural Language Processing，Austin，Texas，USA，November 1-4，2016：2355-2365.

［148］Goodfellow I J，Pouget-Abadie J，Mirza M，et al. Generative adversarial nets［C］//Advances in Neural Information Processing Systems 27：Annual Conference on Neural Information Processing Systems 2014，Montreal，Quebec，Canada，December 8-132014：2672-2680.

［149］Cao P，Chen Y，Liu K，et al. Adversarial transfer learning for chinese named entity recognition with self-attention mechanism［C］//Proceedings of the 2018 Conference on Empirical Methods in Natural Language Processing，Brussels，Belgium，October 31-November 4，2018：182-192.

［150］Ferragina P，Scaiella U. Tagme：on-the-fly annotation of short text fragments（by wikipedia entities）［C］//Proceedings of the 19th ACM international conference on Information and knowledge management，Toronto，Ontario，Canada，October 26-30，2010：1625-1628.

［151］Hoffart J，Yosef M A，Bordino I，et al. Robust disambiguation of named entities in text［C］//Proceedings of the Conference on Empirical Methods in Natural Language Processing，John McIntyre Conference Centre，Edinburgh，UK，27-31 July，2011：782-792.

［152］Shen W，Wang J，Han J. Entity linking with a knowledge base：Issues，techniques，and solutions ［J］. IEEE Transactions on Knowledge and Data Engineering，2015，27（2）：443-460.

［153］Lehmann J，Monahan S，Nezda L，et al. LCC approaches to knowledge base population at TAC 2010［C］//Proceedings of the Third Text Analysis Conference，Gaithersburg，Maryland，USA，November 15-16，2010.

［154］Dredze M，McNamee P，Rao D，et al. Entity disambiguation for knowledge base population ［C］//Proceedings of the 23rd International Conference on Computational Linguistics，Beijing，China，23-27 August，2010：277-285.

［155］Han X，Zhao J. Nlpr_ kbp in TAC 2009 KBP track：A two-stage method to entity linking［C］//Proceedings of the Second Text Analysis Conference，TAC 2009，Gaithersburg，Maryland，USA，November 16-17，2009.

［156］Nemeskey D，Recski G，Zséder A，et al. BUDAPESTACAD at TAC 2010［M］//Proceedings of the Third Text Analysis Conference，Gaithersburg，Maryland，USA，November 15-16，2010.

［157］Liu X，Li Y，Wu H，et al. Entity linking for tweets［C］//Proceedings of the 51st Annual Meeting of the Association for Computational Linguistics（Volume 1：Long Papers），Sofia，Bulgaria，4-9

August，2013：1304-1311.

［158］Ratinov L，Roth D，Downey D，et al. Local and global algorithms for disambiguation to wikipedia ［C］//Proceedings of the 49th Annual Meeting of the Association for Computational Linguistics：Human Language Technologies-Volume 1，Portland，Oregon，USA，19-24 June，2011：1375-1384.

［159］Guo S，Chang M W，Kiciman E. To link or not to link? a study on end-to-end tweet entity linking ［C］//Proceedings of the 2013 Conference of the North American Chapter of the Association for Computational Linguistics：Human Language Technologies，Westin Peachtree Plaza Hotel，Atlanta，Georgia，USA，June 9-14，2013：1020-1030.

［160］Cao Z，Qin T，Liu T Y，et al. Learning to rank：from pairwise approach to listwise approach ［C］//Proceedings of the 24th international conference on Machine learning，Corvallis，Oregon，USA，June 20-24，2007：129-136.

［161］Han X，Sun L. A generative entity-mention model for linking entities with knowledge base ［C］// Proceedings of the 49th Annual Meeting of the Association for Computational Linguistics：Human Language Technologies-Volume 1，Portland，Oregon，USA，19-24 June，2011：945-954.

［162］Han X，Sun L，Zhao J. Collective entity linking in web text：a graph-based method ［C］//Proceedings of the 34th international ACM SIGIR conference on Research and development in Information Retrieval，Beijing，China，July 25-29，2011：765-774.

［163］Zhang W，Tan C L，Sim Y C，et al. NUS-I2R：learning a combined system for entity linking ［C］//Proceedings of the Third Text Analysis Conference，Gaithersburg，Maryland，USA，November 15-16，2010.

［164］Chen Z，Ji H. Collaborative ranking：A case study on entity linking ［C］//Proceedings of the Conference on Empirical Methods in Natural Language Processing，John McIntyre Conference Centre，Edinburgh，UK，27-31 July，2011：771-781.

［165］Luo G，Huang X，Lin C Y，et al. Joint entity recognition and disambiguation ［C］//Proceedings of the 2015 Conference on Empirical Methods in Natural Language Processing，Lisbon，Portugal，September 17-21，2015：879-888.

［166］Wick M，Singh S，Pandya H，et al. A joint model for discovering and linking entities ［C］//Proceedings of the 2013 workshop on Automated knowledge base construction，San Francisco，California，USA，October 27-28，2013：67-72.

［167］He Z，Liu S，Li M，et al. Learning entity representation for entity disambiguation ［C］//Proceedings of the 51st Annual Meeting of the Association for Computational Linguistics（Volume 2：Short Papers），Sofia，Bulgaria，4-9 August，2013：30-34.

［168］Sun Y，Lin L，Tang D，et al. Modeling mention，context and entity with neural networks for entity disambiguation ［C］//Twenty-Fourth International Joint Conference on Artificial Intelligence，Buenos Aires，Argentina，July 25-31，2015：1333-1339.

［169］Ganea O，Hofmann T. Deep joint entity disambiguation with local neural attention ［C］// Proceedings of the 2017 Conference on Empirical Methods in Natural Language Processing，Copenhagen，Denmark，September 9-11，2017：2619-2629.

［170］Phan M C，Sun A，Tay Y，et al. Neupl：Attention-based semantic matching and pairlinking for entity disambiguation ［C］//Proceedings of the 2017 ACM on Conferenceon Information and Knowledge Management，Singapore，November 06-10，2017：1667-1676.

［171］ Cao Y，Hou L，Li J，et al. Neural collective entity linking［C］//Proceedings of the 27th International Conference on Computational Linguistics，Santa Fe，New Mexico，USA，August 20－26，2018：675-686.

［172］ Huang H，Heck L P，Ji H. Leveraging deep neural networks and knowledge graphs for entity disambiguation［DB/OL］.（2015-4-28）［2019-12-19］. https：//arxiv. org/abs/1504. 07678.

［173］ Raiman J，Raiman O. Deeptype：Multilingual entity linking by neural type system evolution［C］// Proceedings of the Thirty-Second AAAI Conference on Artificial Intelligence，（AAAI-18），the 30th innovative Applications of Artificial Intelligence（IAAI-18），and the 8th AAAI Symposium on Educational Advances in Artificial Intelligence（EAAI-18），New Orleans，Louisiana，USA，February 2-7，2018：5406-5413.

［174］ Kolitsas N，Ganea O，Hofmann T. End-to-end neural entity linking［C］//Proceedings of the 22nd Conference on Computational Natural Language Learning，Brussels，Belgium，October 31-November 1，2018：519-529.

［175］ Fang Z，Cao Y，Li Q，et al. Joint entity linking with deep reinforcement learning［M］//The World Wide Web Conference，San Francisco，CA，USA，May 13-17，2019：438-447.

［176］ Reiss F，Raghavan S，Krishnamurthy R，et al. An algebraic approach to rule-based information extraction［C］//2008 IEEE 24th International Conference on Data Engineering，Cancún，Mexico，April 7-12，2008：933-942.

［177］ Bollegala D T，Matsuo Y，Ishizuka M. Relational duality：Unsupervised extraction of semantic relations between entities on the web［C］//Proceedings of the 19th international conference on World wide web，Raleigh，North Carolina，USA，April 26-30，2010：151-160.

［178］ Hasegawa T，Sekine S，Grishman R. Discovering relations among named entities from large corpora ［C］//Proceedings of the 42nd Annual Meeting of the Association for Computational Linguistics，Barcelona，Spain，21-26 July，2004：415-422.

［179］ Kambhatla N. Combining lexical，syntactic，and semantic features with maximum entropy models for information extraction［C］//Proceedings of the 42nd Annual Meeting of the Association for Computational Linguistics，Barcelona，Spain，July 21-26，2004.

［180］ GuoDong Z，Jian S，Jie Z，et al. Exploring various knowledge in relation extraction［C］//Proceedings of the 43rd annual meeting on association for computational linguistics，University of Michigan，USA，25-30 June 2005：427-434.

［181］ Jiang J，Zhai C. A systematic exploration of the feature space for relation extraction［C］//Human Language Technologies 2007：The Conference of the North AmericanChapter of the Association for Computational Linguistics；Proceedings of the Main Conference，Rochester，New York，USA，April 22-27，2007：113-120.

［182］ Mooney R J，Bunescu R C. Subsequence kernels for relation extraction［C］//Advances in neural information processing systems，Vancouver，British Columbia，Canada，December 5-8，2005：171-178.

［183］ Miller S，Fox H，Ramshaw L，et al. A novel use of statistical parsing to extract information from text［C］//1st Meeting of the North American Chapter of the Association for Computational Linguistics，Seattle，Washington，USA，April 29-May 4，2000：226-233.

［184］ Zhang M，Zhang J，Su J. Exploring syntactic features for relation extraction using a convolution tree kernel［C］//Proceedings of the main conference on Human Language Technology Conference of the

North American Chapter of the Association of Computational Linguistics, New York, New York, USA, June 4-9, 2006: 288-295.

[185] Sun L, Han X. A feature-enriched tree kernel for relation extraction [C]//Proceedings of the 52nd Annual Meeting of the Association for Computational Linguistics (Volume 2: Short Papers), Baltimore, MD, USA, June 22-27, 2014: 61-67.

[186] Culotta A, Sorensen J. Dependency tree kernels for relation extraction [C]//Proceedings of the 42nd annual meeting on association for computational linguistics, Barcelona, Spain, 21-26 July, 2004: 423.

[187] Bunescu R C, Mooney R J. A shortest path dependency kernel for relation extraction [C]//Proceedings of the conference on human language technology and empirical methods in natural language processing, Vancouver, British Columbia, Canada, 6-8 October 2005: 724-731.

[188] Zhao S, Grishman R. Extracting relations with integrated information using kernel methods [C]//Proceedings of the 43rd annual meeting on association for computational linguistics, University of Michigan, USA, 25-30 June 2005: 419-426.

[189] Brin S. Extracting patterns and relations from the world wide web [C]//International workshop on the world wide web and databases, Valencia, Spain, March 27-28, 1998: 172-183.

[190] Agichtein E, Gravano L. Snowball: Extracting relations from large plain-text collections [C]//Proceedings of the fifth ACM conference on Digital libraries, San Antonio, TX, USA, June 2-7, 2000: 85-94.

[191] Sun A, Grishman R. Active learning for relation type extension with local and global data views [C]//Proceedings of the 21st ACM international conference on Information and knowledge management, Maui, HI, USA, October 29-November 02, 2012: 1105-1112.

[192] Muslea I, Minton S, Knoblock C A. Selective sampling with redundant views [C]//Proceedings of the Seventeenth National Conference on Artificial Intelligence and Twelfth Conference on on Innovative Applications of Artificial Intelligence, Austin, Texas, USA., July 30-August 3, 2000: 621-626.

[193] Fu L, Grishman R. An efficient active learning framework for new relation types [C]//Proceedings of the Sixth International Joint Conference on Natural Language Processing, Nagoya, Japan, October 14-18, 2013: 692-698.

[194] Zhang H T, Huang M L, Zhu X Y. A unified active learning framework for biomedical relation extraction [J]. Journal of Computer Science and Technology, 2012, 27 (6): 1302-1313.

[195] Zhu X, Ghahramani Z. Learning from labeled and unlabeled data with label propagation [R]. Pittsburgh PA: Carnegie Mellon University: School of Computer Science, 2002.

[196] Chen J, Ji D, Tan C L, et al. Relation extraction using label propagation based semisupervised learning [C]//Proceedings of the 21st International Conference on Computational Linguistics and the 44th annual meeting of the Association for Computational Linguistics, Sydney, Australia, 17-21 July, 2006: 129-136.

[197] Mintz M, Bills S, Snow R, et al. Distant supervision for relation extraction without labeled data [C]//Proceedings of the Joint Conference of the 47th Annual Meeting of the ACL and the 4th International Joint Conference on Natural Language Processing of the AFNLP: Volume 2-Volume 2, Singapore, 2-7 August, 2009: 1003-1011.

[198] Riedel S, Yao L, McCallum A. Modeling relations and their mentions without labeled text [C]//

Joint European Conference on Machine Learning and Knowledge Discovery in Databases, Barcelona, Spain, September 20-24, 2010: 148-163.

[199] Takamatsu S, Sato I, Nakagawa H. Reducing wrong labels in distant supervision for relation extraction [C]//Proceedings of the 50th Annual Meeting of the Association for Computational Linguistics: Long Papers-Volume 1, Jeju Island, Korea, July 8-14, 2012: 721-729.

[200] Yao L, Riedel S, McCallum A. Collective cross-document relation extraction without labelled data [C]//Proceedings of the 2010 Conference on Empirical Methods in Natural Language Processing, MIT Stata Center, Massachusetts, USA, 9-11 October, 2010: 1013-1023.

[201] Hoffmann R, Zhang C, Weld D S. Learning 5000 relational extractors [C]//Proceedings of the 48th Annual Meeting of the Association for Computational Linguistics, Uppsala, Sweden, July 11-16, 2010: 286-295.

[202] Surdeanu M, Tibshirani J, Nallapati R, et al. Multi-instancemulti-label learning for relation extraction [C]//Proceedings of the 2012 joint conference on empirical methods in natural language processing and computational natural language learning, Jeju Island, Korea, July 12-14, 2012: 455-465.

[203] Min B, Grishman R, Wan L, et al. Distant supervision for relation extraction with an incomplete knowledge base [C]//Proceedings of the 2013 Conference of the North American Chapter of the Association for Computational Linguistics: Human Language Technologies, Westin Peachtree Plaza Hotel, Atlanta, Georgia, USA, June 9-14, 2013: 777-782.

[204] Banko M, Cafarella M J, Soderland S, et al. Open information extraction from the web [C]//Proceedings of the 20th International Joint Conference on Artificial Intelligence, Hyderabad, India, January 6-12, 2007: 2670-2676.

[205] Wu F, Weld D S. Autonomously semantifyingwikipedia [C]//Proceedings of the Sixteenth ACM Conference on Information and Knowledge Management, Lisbon, Portugal, November 6-10, 2007: 41-50.

[206] Zhu J, Nie Z, Liu X, et al. Statsnowball: a statistical approach to extracting entity relationships [C]//Proceedings of the 18th international conference on World wide web, Madrid, Spain, April 20-24, 2009: 101-110.

[207] Wu F, Weld D S. Open information extraction using wikipedia [C]//ACL 2010, Proceedings of the 48th Annual Meeting of the Association for Computational Linguistics, Uppsala, Sweden, July 11-16, 2010: 118-127.

[208] Fader A, Soderland S, Etzioni O. Identifying relations for open information extraction [C]//Proceedings of the 2011 Conference on Empirical Methods in Natural Language Processing, John McIntyre Conference Centre, Edinburgh, UK, 27-31 July, 2011: 1535-1545.

[209] Mausam, Schmitz M, Soderland S, et al. Open language learning for information extraction [C]//Proceedings of the 2012 Joint Conference on Empirical Methods in Natural Language Processing and Computational Natural Language Learning, Jeju Island, Korea, July 12-14, 2012: 523-534.

[210] Angeli G, Premkumar M J J, Manning C D. Leveraging linguistic structure for open domain information extraction [C]//Proceedings of the 53rd Annual Meeting of the Association for Computational Linguistics and the 7th International Joint Conference on Natural Language Processing (Volume 1: Long Papers), Beijing, China, July 26-31, 2015: 344-354.

[211] Bhutani N, Jagadish H V, Radev D R. Nested propositions in open information extraction [C]//

Proceedings of the 2016 Conference on Empirical Methods in Natural Language Processing, Austin, Texas, USA, November 1-4, 2016: 55-64.

[212] Gashteovski K, Gemulla R, Del Corro L. Minie: minimizing facts in open information extraction [C]//Proceedings of the 2017 Conference on Empirical Methods in Natural Language Processing, Copenhagen, Denmark, September 9-11, 2017: 2630-2640.

[213] Cetto M, Niklaus C, Freitas A, et al. Graphene: Semantically-linked propositions in open information extraction [C]//Proceedings of the 27th International Conference on Computational Linguistics, Santa Fe, New Mexico, USA, August 20-26, 2018: 2300- 2311.

[214] Hendrickx I, Kim S N, Kozareva Z, et al. Semeval-2010 task 8: Multi-way classification of semantic relations between pairs of nominals [C]//Proceedings of the Workshop on Semantic Evaluations: Recent Achievements and Future Directions, Uppsala University, Uppsala, Sweden, July 15-16, 2010: 33-38.

[215] Zhang Y, Zhong V, Chen D, et al. Position-aware attention and supervised data improve slot filling [C]//Proceedings of the 2017 Conference on Empirical Methods in Natural Language Processing, Copenhagen, Denmark, September 9-11, 2017: 35-45.

[216] Liu C, Sun W, Chao W, et al. Convolution neural network for relation extraction [C]//International Conference on Advanced Data Mining and Applications, Hangzhou, China, December 14-16, 2013: 231-242.

[217] Zeng D, Liu K, Lai S, et al. Relation classification via convolutional deep neural network [C]// 25th International Conference on Computational Linguistics, Dublin, Ireland, August 23 - 29, 2014: 2335-2344.

[218] Nguyen T H, Grishman R. Relation extraction: Perspective from convolutional neural networks [C]//Proceedings of the 1st Workshop on Vector Space Modeling for Natural Language Processing, Denver, Colorado, June 5, 2015: 39-48.

[219] dos Santos C N, Xiang B, Zhou B. Classifying relations by ranking with convolutional neural networks [C]//Proceedings of the 53rd Annual Meeting of the Association for Computational Linguistics and the 7th International Joint Conference on Natural Language Processing of the Asian Federation of Natural Language Processing, Beijing, China, July 26-31, 2015: 626-634.

[220] Xu K, Feng Y, Huang S, et al. Semantic relation classification via convolutional neural networks with simple negative sampling [C]//Proceedings of the 2015 Conference on Empirical Methods in Natural Language Processing, Lisbon, Portugal, September 17-21, 2015: 536-540.

[221] Wang L, Cao Z, De Melo G, et al. Relation classification via multi-level attention cnns [C]// Proceedings of the 54th Annual Meeting of the Association for Computational Linguistics, Berlin, Germany, August 7-12, 2016: 1298-1307.

[222] Shen Y, Huang X. Attention-based convolutional neural network for semantic relation extraction [C]//26th International Conference on Computational Linguistics, Proceedings of the Conference: Technical Papers, Osaka, Japan, December 11-16, 2016: 2526-2536.

[223] Zhu J, Qiao J, Dai X, et al. Relation classification via target-concentrated attention cnns [C]// International Conference on Neural Information Processing, Guangzhou, China, November 14-18, 2017: 137-146.

[224] Lin Y, Liu Z, Sun M. Neural relation extraction with multi-lingual attention [C]//Proceedings of the 55th Annual Meeting of the Association for Computational Linguistics , Vancouver, Canada,

July 30–August 4，2017：34–43.

[225] Zhang Y，Qi P，Manning C D. Graph convolution over pruned dependency trees improvesrelationextraction [C]//Proceedings of the 2018 Conference on Empirical Methods in Natural Language Processing，Brussels，Belgium，October 31–November 4，2018：2205–2215.

[226] Zhu H，Lin Y，Liu Z, et al. Graph neural networks with generated parameters for relation extraction [M]//Proceedings of the 57th Conference of the Association for Computational Linguistics，Florence，Italy，July 28– August 2，2019：1331–1339.

[227] Sahu S K，Christopoulou F，Miwa M，et al. Inter–sentence relation extraction with document–level graph convolutional neural network [C]//Proceedings of the 57th Conference of the Association for Computational Linguistics，Florence，Italy，July 28– August 2，2019：4309–4316.

[228] Xu Y，Mou L，Li G，et al. Classifying relations via long short term memory networks along shortest dependency paths [C]//proceedings of the 2015 conference on empirical methods in natural language processing，Lisbon，Portugal，September 17–21，2015：1785–1794.

[229] Zhang D，Wang D. Relation classification via recurrent neural network [DB/OL]. (2015–8–5) [2019–12–19]. https://arxiv. org/abs/1508. 01006.

[230] Zhang S，Zheng D，Hu X，et al. Bidirectional long short–term memory networks for relation classification [C]//Proceedings of the 29th Pacific Asia conference on language，information and computation，Shanghai，China，October 30–November 1，2015：73–78.

[231] Christopoulou F，Miwa M，Ananiadou S. A walk – based model on entity graphs for relation extraction [C]//Proceedings of the 56th Annual Meeting of the Association for Computational Linguistics，Melbourne，Australia，July 15–20，2018：81–88.

[232] Zhou P，Shi W，Tian J，et al. Attention–based bidirectional long short–term memory networks for relation classification [C]//Proceedings of the 54th Annual Meeting of the Association for Computational Linguistics (Volume 2：Short Papers)，Berlin，Germany，August 7–12，2016：207–212.

[233] Xiao M，Liu C. Semantic relation classification via hierarchical recurrent neural network with attention [C]//26th International Conference on Computational Linguistics，Proceedings of the Conference：Technical Papers，Osaka，Japan，December 11–16，2016：1254–1263.

[234] Lee J，Seo S，Choi Y S. Semantic relation classification via bidirectional LSTM networks with entity–aware attention using latent entity typing [J]. Symmetry，2019，11 (6)：785.

[235] Cai R，Zhang X，Wang H. Bidirectional recurrent convolutional neural network for relation classification [C]//Proceedings of the 54th Annual Meeting of the Association for Computational Linguistics (Volume 1：Long Papers)，Berlin，Germany，August 712，2016：756–765.

[236] Rotsztejn J，Hollenstein N，Zhang C. Eth–ds3lab at semeval–2018 task 7：Effectively combining recurrent and convolutional neural networks for relation classification and extraction [C]//Proceedings of The 12th International Workshop on Semantic Evaluation，SemEvalNAACL–HLT 2018，New Orleans，Louisiana，USA，June 5–6，2018：689–696.

[237] Peng N，Poon H，Quirk C，et al. Cross–sentenceN–ary relation extraction with graph lstms [J]. Transactions of the Association for Computational Linguistics，2017，5：101– 115.

[238] Song L，Zhang Y，Wang Z，et al. N–ary relation extraction using graph–state LSTM [C]//Proceedings of the 2018 Conference on Empirical Methods in Natural Language Processing，Brussels，Belgium，October 31–November 4，2018：2226–2235.

[239] Zeng D，Liu K，Chen Y，et al. Distant supervision for relation extraction via piecewise convolu-

tional neural networks［C］//Proceedings of the 2015 Conference on Empirical Methods in Natural Language Processing，Lisbon，Portugal，September 17−21，2015：1753−1762.

［240］Lin Y，Shen S，Liu Z，et al. Neural relation extraction with selective attention over instances［C］//Proceedings of the 54th Annual Meeting of the Association for Computational Linguistics（Volume 1：Long Papers），Berlin，Germany，August 7−12，2016：2124−2133.

［241］Jiang X，Wang Q，Li P，et al. Relation extraction with multi−instancemulti−label convolutional neural networks［C］//26th International Conference on Computational Linguistics，Proceedings of the Conference：Technical Papers，Osaka，Japan，December 11−16，2016：1471−1480.

［242］Ji G，Liu K，He S，et al. Distant supervision for relation extraction with sentence−level attention and entity descriptions［C］//Proceedings of the Thirty−First AAAI Conference on Artificial Intelligence，San Francisco，California，USA.，February 4−9，2017：3060− 3066.

［243］Feng X，Guo J，Qin B，et al. Effective deep memory networks for distant supervised relation extraction［C］//Proceedings of the Twenty−Sixth International Joint Conference on Artificial Intelligence，Melbourne，Australia，August 19−25，2017：4002−4008.

［244］Luo B，Feng Y，Wang Z，et al. Learning with noise：Enhance distantly supervised relation extraction with dynamic transition matrix［C］//Proceedings of the 55th Annual Meeting of the Association for Computational Linguistics，Vancouver，Canada，July 30−August 4，2017：430−439.

［245］Huang Y Y，Wang W Y. Deep residual learning for weakly−supervised relation extraction［C］//Proceedings of the 2017 Conference on Empirical Methods in Natural Language Processing，Copenhagen，Denmark，September 9−11，2017：1803−1807.

［246］Ye Z，Ling Z. Distant supervision relation extraction with intra−bag and inter−bag attentions［C］//Proceedings of the 2019 Conference of the North American Chapter of the Association for Computational Linguistics：Human Language Technologies，Minneapolis，MN，USA，June 2−7，2019：2810−2819.

［247］Qin P，Xu W，Wang W Y. Robust distant supervision relation extraction via deep reinforcement learning［C］//Proceedings of the 56th Annual Meeting of the Association for Computational Linguistics，Melbourne，Australia，July 15−20，2018：2137−2147.

［248］Zeng X，He S，Liu K，et al. Large scaled relation extraction with reinforcement learning［C］//Proceedings of the Thirty−Second AAAI Conference on Artificial Intelligence，（AAAI−18），the 30th innovative Applications of Artificial Intelligence（IAAI−18），and the 8th AAAI Symposium on Educational Advances in Artificial Intelligence（EAAI18），New Orleans，Louisiana，USA，February 2−7，2018：5658−5665.

［249］Feng J，Huang M，Zhao L，et al. Reinforcement learning for relation classification from noisy data［C］//Proceedings of the Thirty−Second AAAI Conference on Artificial Intelligence，（AAAI−18），the 30th innovative Applications of Artificial Intelligence（IAAI−18），and the 8th AAAI Symposium on Educational Advances in Artificial Intelligence（EAAI−18），New Orleans，Louisiana，USA，February 2−7，2018：5779−5786.

［250］Feng J，Huang M，Zhang Y，et al. Relation mention extraction from noisy data with hierarchical reinforcement learning［DB/OL］.（2018−11−3）［2019−12−19］. https：//arxiv. org/abs/1811. 01237.

［251］Takanobu R，Zhang T，Liu J，et al. A hierarchical framework for relation extraction with reinforcement learning［C］//The Thirty−Third AAAI Conference on Artificial Intelligence，AAAI 2019，The Thirty−

First Innovative Applications of Artificial Intelligence Conference, IAAI 2019, The Ninth AAAI Symposium on Educational Advances in Artificial Intelligence, Honolulu, Hawaii, USA, January 27 – February 1, 2019: 7072 – 7079.

[252] Miwa M, Bansal M. End – to – end relation extraction using lstms on sequences and tree structures [C]//Proceedings of the 54th Annual Meeting of the Association for Computational Linguistics, Berlin, Germany, August 7 – 12.

[253] Katiyar A, Cardie C. Going out on a limb: Joint extraction of entity mentions and relations without dependency trees[C]//Proceedings of the 55th Annual Meeting of the Association for Computational Linguistics, Vancouver, Canada, July 30 – August 4, 2017: 917 – 928.

[254] Zheng S, Xu J, Bao H, et al. Joint learning of entity semantics and relation pattern for relation extraction[C]//Machine Learning and Knowledge Discovery in Databases European Conference, ECML PKDD 2016, Riva del Garda, Italy, September 19 – 23, 2016: 443 – 458.

[255] Katiyar A, Cardie C. Investigating lstms for joint extraction of opinion entities and relations[C]// Proceedings of the 54th Annual Meeting of the Association for Computational Linguistics, Berlin, Germany, August 7 – 12, 2016: 919 – 929.

[256] Ren X, Wu Z, He W, et al. Cotype: Joint extraction of typed entities and relations with knowledge bases[C]//Proceedings of the 26th International Conference on World Wide Web, Perth, Australia, April 3 – 7, 2017: 1015 – 1024.

[257] Adel H, Schütze H. Global normalization of convolutional neural networks for joint entity and relation classification[C]//Proceedings of the 2017 Conference on Empirical Methods in Natural Language Processing, Copenhagen, Denmark, September 9 – 11, 2017: 1723 – 1729.

[258] Zheng S, Wang F, Bao H, et al. Joint extraction of entities and relations based on a novel tagging scheme[C]//Proceedings of the 55th Annual Meeting of the Association for Computational Linguistics, Vancouver, Canada, July 30 – August 4, 2017: 1227 – 1236.

[259] Wang S, Zhang Y, Che W, et al. Jointextractionofentitiesandrelationsbasedonanovel graph scheme [C]//Proceedings of the Twenty – Seventh International Joint Conference on Artificial Intelligence, Stockholm, Sweden, July 13 – 19, 2018: 4461 – 4467.

[260] Feng Y, Zhang H, Hao W, et al. Joint extraction of entities and relations using reinforcement learning and deep learning[J]. Computational intelligence and neuroscience, 2017.

[261] Liu W, Cao Y, Liu Y, et al. Reinforcement learning for joint extraction of entities and relations[C]// International Conference on Artificial Neural Networks, Rhodes, Greece, October 4 – 7, 2018: 263 – 272.

[262] He W, Feng Y, Zhao D. Improving knowledge base completion by incorporating implicit information [C]//Semantic Technology – 5th Joint International Conference, Yichang, China, November 11 – 13, 2015: 141 – 153.

[263] Nguyen D Q, Sirts K, Qu L, et al. Neighborhood mixture model for knowledge base completion[C]// Proceedings of the 20th SIGNLL Conference on Computational Natural Language Learning, Berlin, Germany, August 11 – 12, 2016: 40 – 50.

[264] Neelakantan A, Roth B, McCallum A. Compositional vector space models for knowledge base completion[C]//Proceedings of the 53rd Annual Meeting of the Association for Computational Linguistics and the 7th International Joint Conference on Natural Language Processing of the Asian Federation of Natural Language Processing, Beijing, China, July 26 – 31, 2015: 156 – 166.

［265］Gardner M,Mitchell T M. Efficient and expressive knowledge base completion using subgraph feature extraction［C］//Proceedings of the 2015 Conference on Empirical Methods in Natural Language Processing,Lisbon,Portugal,September 17−21,2015:1488−1498.

［266］Lin Y,Liu Z,Sun M. Knowledge representation learning with entities,attributes and relations［C］// Proceedings of the Twenty−Fifth International Joint Conference on Artificial Intelligence,New York, NY,USA,9−15 July,2016:2866−2872.

［267］Jiang S,Lowd D,Dou D. Learning to refine an automatically extracted knowledge base using markov logic［C］//12th IEEE International Conference on Data Mining,Brussels,Belgium,December 10− 13,2012:912−917.

［268］Paulheim H,Bizer C. Improving the quality of linked data using statistical distributions［J］. International Journal on Semantic Web and Information Systems,2018,10(2):63−86.

［269］Xiao H,Huang M,Zhu X. From one point to a manifold:Knowledge graph embedding for precise link prediction［C］//Proceedings of the Twenty−Fifth International Joint Conference on Artificial Intelligence,New York,NY,USA,9−15 July,2016:1315− 1321.

［270］Trouillon T,Welbl J,Riedel S,et al. Complex embeddings for simple link prediction［C］//Proceedings of the 33nd International Conference on Machine Learning,New York City,NY,USA,June 19− 24,2016:2071−2080.

［271］Xie R,Liu Z,Sun M. Representation learning of knowledge graphs with hierarchical types［C］//Proceedings of the Twenty−Fifth International Joint Conference on Artificial Intelligence,New York,NY, USA,9−15 July 2016:2965−2971.

［272］Chen D,Socher R,Manning C D,et al. Learning new facts from knowledge bases with neural tensor networks and semantic word vectors［C］//1st International Conference on Learning Representations, Scottsdale,Arizona,USA,May 2−4,2013.

［273］McGuinness D L,Van Harmelen F,et al. Owl web ontology language overview［J］. W3C recommendation,2004,10(10):2004.

［274］Motik B,Sattler U,Studer R. Query answering for owl−dl with rules［J］. Web Semantics:Science, Services and Agents on the World Wide Web,2005,3(1):41−60.

［275］Baader F,Calvanese D,McGuinness D,et al. The description logic handbook:Theory,implementation and applications［M］:Cambridge university press,2003

［276］Horrocks I R. Optimising tableaux decision procedures for description logics［M］. University of Manchester,1997.

［277］Eiter T,Gottlob G,Mannila H. Disjunctive datalog［J］. ACM Transactions on Database Systems, 1997,22(3):364−418.

［278］Bonissone P P,Tong R M. Reasoning with uncertainty in expert systems［M］. Academic Press, 1985.

［279］Lao N,Cohen W W. Relational retrieval using a combination of path−constrained random walks［J］. Machine Learning,2010,81(1):53−67.

［280］Xiong W,Hoang T,Wang W Y. Deeppath:A reinforcement learning method for knowledge graph reasoning［C］//Proceedings of the 2017 Conference on Empirical Methods in Natural Language Processing,Copenhagen,Denmark,September 9−11,2017:564−573.

［281］Altman E. Constrained markov decision processes:volume 7［M］. CRC Press,1999.

［282］Das R,Dhuliawala S,Zaheer M,et al. Go for a walk andarrive at the answer:Reasoning over paths in knowledge bases using reinforcement learning[C]//6th International Conference on Learning Representations, Vancouver, BC, Canada, April 30–May 3, 2018.

[283] McCallum A, Neelakantan A, Das R, et al. Chains of reasoning over entities, relations, and text using recurrent neural networks[C]//Proceedings of the 15th Conference of theEuropean Chapter of the Association for Computational Linguistics, Valencia, Spain, April 3–7, 2017: 132–141.

[284] 许坤, 冯岩松. 基于知识的智能问答技术[EB/OL]. [2019-9-29] https://wenku. baidu. com/view/ba71abef777f5acfa1c7aa00b52acfc788eb9f58. html.

[285] Yao X, Durme B V. Information extraction over structured data: Question answering with freebase [C]//Proceedings of the 52nd Annual Meeting of the Association for Computational Linguistics, Baltimore, MD, USA, June 22–27, 2014: 956–966.

[286] Yao X. Feature–driven question answering with natural language alignment [D]. Johns Hopkins University, 2014.

[287] Berant J, Chou A, Frostig R, et al. Semantic parsing on freebase from question–answer pairs [C]//Proceedings of the 2013 Conference on Empirical Methods in Natural Language Processing, 2013: 1533–1544.

[288] Wang A, Kwiatkowski T, Zettlemoyer L. Morpho–syntactic lexical generalization for ccg semantic parsing [C]//Proceedings of the 2014 Conference on Empirical Methods in Natural Language Processing, Doha, Qatar, October 25–29, 2014: 1284–1295.

[289] Cai Q, Yates A. Large–scale semantic parsing via schema matching and lexicon extension [C]//Proceedings of the 51st Annual Meeting of the Association for Computational Linguistics, Sofia, Bulgaria, 4–9 August 2013: 423–433.

[290] Kwiatkowski T, Choi E, Artzi Y, et al. Scaling semantic parsers with on–the–fly ontology matching [C]//Proceedings of the 2013 Conference on Empirical Methods in Natural Language Processing, Grand Hyatt Seattle, Seattle, Washington, USA, 18–21 October 2013: 1545–1556.

[291] Yih W, Chang M, He X, et al. Semantic parsing via staged query graph generation: Question answering with knowledge base [C]//Proceedings of the 53rd Annual Meeting of the Association for Computational Linguistics and the 7th International Joint Conference on Natural Language Processing of the Asian Federation of Natural Language Processing, Beijing, China, July 26–31, 2015: 1321–1331.

[292] Fader A, Zettlemoyer L, Etzioni O. Open question answering over curated and extracted knowledge bases [C]//The 20th ACM SIGKDD International Conference on Knowledge Discovery and Data Mining, New York, NY, USA–August 24–27, 2014: 1156–1165.

[293] BordesA, Weston J, Usunier N. Open question answering with weakly supervised embedding models [C]//Machine Learning and Knowledge Discovery in Databases European Conference, Nancy, France, September 15–19, 2014: 165–180.

[294] Bordes A, Chopra S, Weston J. Question answering with subgraphembeddings [C]//Proceedings of the 2014 Conference on Empirical Methods in Natural Language Processing, Doha, Qatar, October 25–29, 2014: 615–620.

[295] Zhang Y, Liu K, He S, et al. Question answering over knowledge base with neural attention combining global knowledge information [DB/OL]. (2016-6-3)[2019-12-19] . https://arxiv. org/abs/1606. 00979.

[296] Dong L, Wei F, Zhou M, et al. Question answering over freebase with multi–column convolutional

neural networks ［C］//Proceedings of the 53rd Annual Meeting of the Association for Computational Linguistics and the 7th International Joint Conference on Natural Language Processing of the Asian Federation of Natural Language Processing, Beijing, China, July 26−31, 2015：260−269.

［297］ Bordes A, Usunier N, Chopra S, et al. Large−scale simple question answering with memory networks ［DB/OL］. （2015−6−5）［2019−12−19］. https：//arxiv. org/abs/1506. 02075.

［298］ Yang M,Duan N,Zhou M,et al. Joint relational embeddings for knowledge−based question answering ［C］//Proceedings of the 2014 Conference on Empirical Methods in Natural Language Processing, Doha,Qatar,October 25−29,2014；645−650.

［299］ Zhou M,Huang M,Zhu X. An interpretable reasoning network for multi−relation question answering ［C］//Proceedings of the 27th International Conference on Computational Linguistics,Santa Fe,New Mexico,USA,August 20−26,2018；2010−2022.

［300］ Bateman J,Henschel R. From full generation to 'near−templates' without losing generality［C］// Proceedings of the KI'99 workshop," May I Speak Freely,1999.

［301］ Busemann S,Horacek H. A flexible shallow approach to text generation［C］. Proceedings of the Ninth International Workshop on Natural Language Generation,2002；238− 247.

［302］ Cho K,van Merrienboer B,Gülçehre Ç,et al. Learning phrase representations using RNN encoder−decoder for statistical machine translation［C］//Proceedings of the 2014 Conference on Empirical Methods in Natural Language Processing,Doha,Qatar,October 25−29,2014；1724−1734.

［303］ Chopra S,Auli M,Rush A M. Abstractive sentence summarization with attentive recurrent neural networks［C］//Proceedings of the 2016 Conference of the North American Chapter of the Association for Computational Linguistics：Human Language Technologies,San Diego California,USA,June 12−17, 2016；93−98.

［304］ Shang L,Lu Z,Li H. Neural responding machine for short−text conversation［C］//Proceedings of the 53rd Annual Meeting of the Association for Computational Linguistics and the 7th International Joint Conference on Natural Language Processing of the Asian Federation of Natural Language Processing, Beijing,China,July 26−31,2015；1577−1586.

［305］ Xing C,Wu W,Wu Y,et al. Topicawareneuralresponse generation［C］//Proceedings of the Thirty−First AAAI Conference on Artificial Intelligence, San Francisco, California, USA. , February 4−9, 2017；3351−3357.

［306］ Mou L,Song Y,Yan R,et al. Sequence to backward and forward sequences：A contentintroducing approach to generative short−text conversation［C］//COLING 2016, 26th International Conference on Computational Linguistics,Proceedings of the Conference：Technical Papers,Osaka,Japan,December 11−16,2016；3349−3358.

［307］ Zhou H,Huang M,Zhang T,et al. Emotional chatting machine：Emotional conversation generation with internal and external memory［C］//Proceedings of the ThirtySecond Conference on Artificial Intelligence,New Orleans,Louisiana,USA,February 2−7,2018；730−739.

［308］ Gu J,Lu Z,Li H,et al. Incorporating copying mechanism in sequence−to−sequence learning［C］// Proceedings of the 54th Annual Meeting of the Association for Computational Linguistics,Berlin,Germany,August 7−12,2016；1631−1640.

［309］ Bahdanau D,Cho K,Bengio Y. Neural machine translation by jointly learning to align and translate ［M］//3rd International Conference on Learning Representations, San Diego, CA, USA, May 7−9, 2015.

[310] Wu S, Zhang D, Yang N, et al. Sequence-to-dependency neural machine translation[C]//Proceedings of the 55th Annual Meeting of the Association for Computational Linguistics, Vancouver, Canada, July 30-August 4, 2017:698-707.

[311] Ghazvininejad M, Brockett C, Chang M, et al. A knowledge-grounded neural conversation model[J]. CoRR, 2017, abs/1702. 01932.

[312] Long Y, Wang J, Xu Z, et al. A knowledge enhanced generative conversational service agent[C]// Dialog System Technology Challenges, Long Beach, USA, December 10.

[313] Han S, Bang J, Ryu S, e tal. Exploitingknowledgebasetogenerateresponsesfornatural language dialog listening agents[C]//Proceedings of the SIGDIAL 2015 Conference, The 16th Annual Meeting of the Special Interest Group on Discourse and Dialogue, Prague, Czech Republic, 2-4 September, 2015: 129-133.

[314] Zhu W, Mo K, Zhang Y, et al. Flexible end-to-end dialogue system for knowledge grounded conversation[DB/OL]. (2017-9-13)[2019-12-19]. https://arxiv. org/abs/1709. 04264.

[315] Xu Z, Liu B, Wang B, et al. Incorporatingloose-structuredknowledgeintoconversation modeling via recall-gate LSTM[C]//2017 International Joint Conference on Neural Networks, Anchorage, AK, USA, May 14-19, 2017:3506-3513.

[316] Sarkar K. Using domain knowledge for text summarization in medical domain[J]. International Journal of Recent Trends in Engineering, 2009, 1(1):200.

[317] Gerani S, Mehdad Y, Carenini G, et al. Abstractive summarization of product reviews using discourse structure[C]//Proceedings of the 2014 Conference on Empirical Methods in Natural Language Processing, Doha, Qatar, October 25-29, 2014:1602-1613.

[318] Wang B, Liu K, Zhao J. Conditional generative adversarial networks for commonsense machine comprehension[C]//Proceedings of the Twenty-Sixth International Joint Conference on Artificial Intelligence, Melbourne, Australia, August 19-25, 2017:4123- 4129.

[319] Lin H, Sun L, Han X. Reasoning with heterogeneous knowledge for commonsense machine comprehension[C]//Proceedings of the 2017 Conference on Empirical Methods in Natural Language Processing, Copenhagen, Denmark, September 9-11, 2017:2032-2043.

[320] Eggins S, Slade D. Analysing casual conversation [M]. Equinox Publishing Ltd., 2005.

[321] Minsky M. Society of mind: a response to four reviews[J]. Artificial Intelligence, 1991, 48(3):371-396.

[322] Marková I, Linell P, Grossen M, et al. Dialogue in focus groups: Exploring socially shared knowledge [M]. Equinox publishing, 2007.

[323] Speer R, Havasi C. Representing general relational knowledge in conceptnet 5[C]//Proceedings of the Eighth International Conference on Language Resources and Evaluation, Istanbul, Turkey, May 23 -25, 2012:3679-3686.

[324] Souto P C N. Creating knowledge with and from the differences: the required dialogicality and dialogical competences[J]. RAI Revista de Administração e Inovação, 2015, 12(2):60-89.

[325] Ritter A, Cherry C, Dolan W B. Data-driven response generation in social media[C]//Proceedings of the 2011 Conference on Empirical Methods in Natural Language Processing, John McIntyre Conference Centre, A meeting of SIGDAT, a Special Interest Group of the ACL, Edinburgh, UK, 27-31 July, 2011:583-593.

[326] Zhou H, Young T, Huang M, et al. Commonsense knowledge aware conversation generation with graph

attention［C］//Proceedings of the 27th International Joint Conference on Artificial Intelligence, Stockholm, Sweden, July 13-19, 2018:4623-4629.

［327］ Sutskever I, Vinyals O, Le Q V. Sequence to sequence learning with neural networks［C］//Advances in Neural Information Processing Systems 27: Annual Conference onNeural Information Processing Systems, Montreal, Quebec, Canada, December 8-13, 2014:3104-3112.

［328］ Li B, Lee-Urban S, Johnston G, et al. Story generation with crowdsourced plot graphs［C］//Proceedings of the Twenty-Seventh AAAI Conference on Artificial Intelligence, Bellevue, Washington, USA, July 14-18, 2013.

［329］ Soo V, Lee C, Chen T. Generate believable causal plots with user preferences using constrained montecarlo tree search［C］//Proceedings of the Twelfth AAAI Conference on Artificial Intelligence and Interactive Digital Entertainment, Burlingame, California, USA., October 8-12, 2016:218-224.

［330］ Ji Y, Tan C, Martschat S, et al. Dynamic entity representations in neural language models［C］//Proceedings of the 2017 Conference on Empirical Methods in Natural Language Processing, Copenhagen, Denmark, September 9-11, 2017:1830-1839.

［331］ Jain P, Agrawal P, Mishra A, et al. Story generation from sequence of independent short descriptions ［DB/OL］. (2017-7-18)［2019-12-19］. https://arxiv. org/abs/1707. 05501.

［332］ Martin L J, Ammanabrolu P, Wang X, et al. Event representations for automated story generation with deep neural nets［C］//Proceedings of the Thirty-Second AAAI Conference on Artificial Intelligence, (AAAI-18), the 30th innovative Applications of Artificial Intelligence (IAAI-18), and the 8th AAAI Symposium on Educational Advances in Artificial Intelligence (EAAI-18), New Orleans, Louisiana, USA, February 2-7, 2018:868-875.

［333］ Clark E, Ji Y, Smith N A. Neural text generation in stories using entity representations as context ［C］//Proceedings of the 2018 Conference of the North American Chapter of the Association for Computational Linguistics: Human Language Technologies, New Orleans, Louisiana, USA, June 1-6, 2018: 2250-2260.

［334］ Dagan I, Glickman O, Magnini B. The PASCAL recognising textual entailment challenge［C］//Machine Learning Challenges, Evaluating Predictive Uncertainty, Visual Object Classification and Recognizing Textual Entailment, First PASCAL Machine Learning Challenges Workshop, Southampton, UK, April 11-13, 2005:177-190.

［335］ Hermann K M, Kociský T, Grefenstette E, et al. Teaching machines to read and comprehend［C］// Advances in Neural Information Processing Systems 28: Annual Conference on Neural Information Processing Systems, Montreal, Quebec, Canada, December 712, 2015:1693-1701.

［336］ Mostafazadeh N, Vanderwende L, Yih W, et al. Story cloze evaluator: Vector space representation evaluation by predicting what happens next［C］//Proceedings of the1st Workshop on Evaluating Vector-Space Representations for NLP, Berlin, Germany, August, 2016:24-29.

［337］ Velickovic P, Cucurull G, Casanova A, et al. Graph attention networks［C］//6th International Conference on Learning Representations, Vancouver, BC, Canada, April 30 May 3, 2018.

［338］ Mihaylov T, Frank A. Knowledgeable reader: Enhancing cloze-style reading comprehension with external commonsense knowledge［C］//Proceedings of the 56th Annual Meeting of the Association for Computational Linguistics, Melbourne, Australia, Volume 1: Long Papers, July 15-20, 2018:821-832.

［339］ Luong T, Pham H, Manning C D. Effective approaches to attention-based neural machine translation

[C]//Proceedings of the 2015 Conference on Empirical Methods in Natural Language Processing, Lisbon, Portugal, September 17-21, 2015:1412-1421.

[340] Yang Z, Yang D, Dyer C, et al. Hierarchical attention networks for document classification[C]//The 2016 Conference of the North American Chapter of the Association for Computational Linguistics: Human Language Technologies, San Diego California, USA, June 12-17, 2016:1480-1489.

[341] Qian Q, Huang M, Lei J, et al. Linguistically regularized lstms for sentiment classification[C]//Proceedings of the 55th Annual Meeting of the Association for Computational Linguistics: volume 1, 2017:1679-1689.

[342] Cambria E, Poria S, Hazarika D, et al. Senticnet 5: Discovering conceptual primitives for sentiment analysis by means of context embeddings[C]//Proceedings of the ThirtySecond AAAI Conference on Artificial Intelligence, (AAAI-18), the 30th innovative Applications of Artificial Intelligence (IAAI-18), and the 8th AAAI Symposium on Educational Advances in Artificial Intelligence (EAAI-18), New Orleans, Louisiana, USA, February 2-7, 2018:1795-1802.